知有思维

会思考的通识课 第2册

7~15岁

人工智能与人类未来

主编 瑞娜

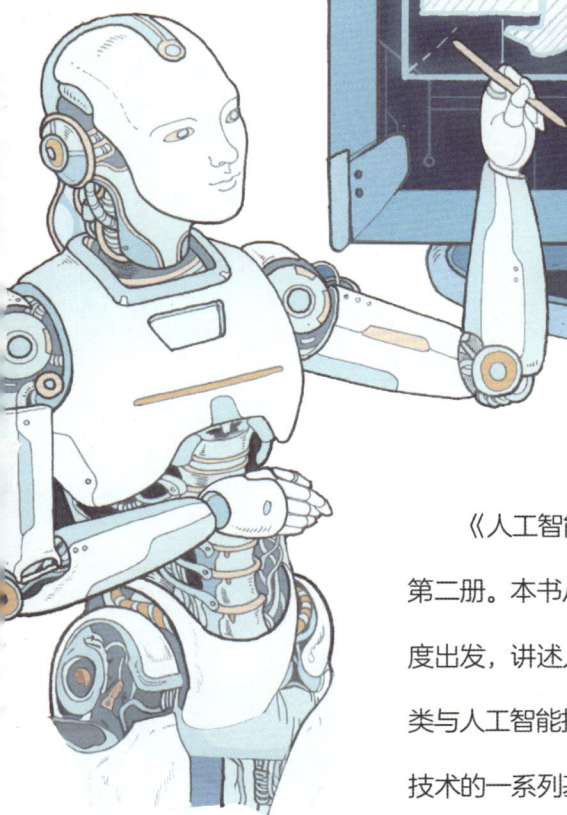

《人工智能与人类未来》这本书为"会思考的通识课"系列丛书中的第二册。本书从人工智能技术概念和科学技术如何影响人类社会生活的角度出发，讲述人工智能技术如何改变人类的思考方式和工作方式，以及人类与人工智能技术的共生问题。本书共分19节，每节均围绕关于人工智能技术的一系列基本问题展开讲解，通过通俗易懂、深入浅出的文字讲解，必要的示意图和精美的插画，让孩子更好地理解什么是人工智能技术，人工智能技术将如何影响人类生活，以及我们应以怎样的思考方式面对未来与人工智能共生的世界。在每节之后，本书还设置了较多启发式思考题和讨论题，帮助孩子类比思考，学会进行知识迁移，从而提升孩子的思考力和创造力，增强孩子跨学科思考的能力。

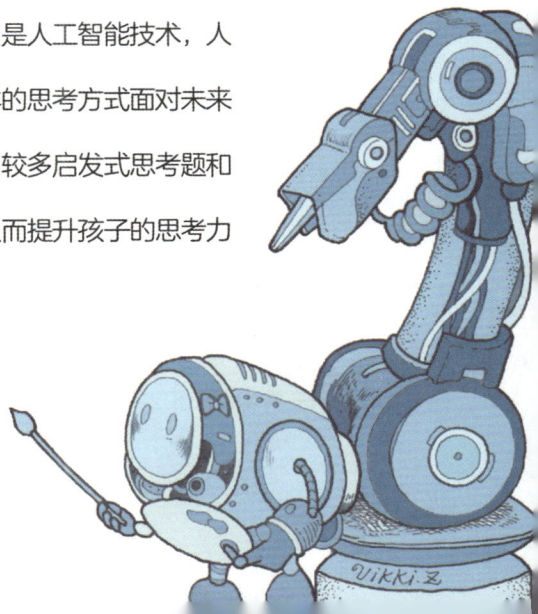

上海交通大学 出版社
SHANGHAI JIAO TONG UNIVERSITY PRESS

图书在版编目（CIP）数据

人工智能与人类未来 / 瑞娜主编. -- 上海 ：上海
交通大学出版社，2025. 7.（2025.8 重印）--（会思考的
通识课）. ISBN 978-7-313-32633-1

Ⅰ. TP18-49

中国国家版本馆 CIP 数据核字第 2025A0Y291 号

人工智能与人类未来
RENGONG ZHINENG YU RENLEI WEILAI

主　　编	瑞　娜
出版发行	上海交通大学出版社
地　　址	上海市番禺路951号
邮政编码	200030
电　　话	021-64071208
印　　刷	上海文浩包装科技有限公司
经　　销	全国新华书店
开　　本	889 mm×1194 mm 1/16
印　　张	6.5
字　　数	110千字
版　　次	2025年7月 第1版
印　　次	2025年8月 第2次印刷
书　　号	ISBN 978-7-313-32633-1
定　　价	65.00元

前　言

　　先来和读者们说说笔者为什么要创作"会思考的通识课"这样一套书。

　　笔者大学毕业后先是从事科技产品研发和市场推广工作。5年后，因为对与人沟通交流更感兴趣，笔者便转入人力资源行业从事人才招聘和培训工作。当时笔者在一家美资人力资源服务公司工作。这家公司有完善、细致的培训体系。笔者从直属领导安德里安·霍金斯先生那里学到了如何全方位、准确评估一个人。笔者发现优秀人才的学历背景各不相同，工作经历也千差万别，但他们身上有一些共同的特点，其中最显著的是他们都具备卓越的思考力。从这时起，笔者开始关注优秀人才的卓越思考力是如何塑造和形成的。

　　那么，思考力应该通过什么方式培养获得呢？1945年，哈佛大学组织专家编写的《哈佛通识教育红皮书》（*General Education in a Free Society——Report of Harvard Committee*）一书中提出思考力应该通过通识教育获得。书中明确指出：通识教育的目标主要是塑造人4个方面的心智能力，即有效思考能力（包括逻辑思维、关联性思维和想象力）、交流能力、做出恰当判断的能力以及价值辨别能力；且通识课程不应该是学习一门又一门的学科课程，而应该是学习一门有内在关联的系统课程。通识教育是对人的心智能力的培养，贯穿人整个成长发展始终。

　　《哈佛通识教育红皮书》关于通识教育的目标定义和作用引起了全世界教育领域的广泛讨论。在同时期的中国，钱穆和梅贻琦等多位学者也就通识教育发表了观点，认为当代人才需要具备通识能力，才能适应技术与社会的发展需求，并明确通识教育对人格和思考力塑造的作用。

　　我国非常重视对通识教育的实践探索，不仅在高等教育领域实践通识教育多年，在中小学教育阶段也在积极开展通识课程设计研发，如设置以解决问题或完成项目为导向的主题学习，举办各类型的研学活动，以及开设丰富的人文和科创类课程等。在考试和一些竞赛活动中，通识教育理念也被融入出题思路中，不再局限于对书本知识和固有解题方法的考查，而是着重考查学生能否将知识融会贯通并应用于跨学科案例分析。

在当今人工智能快速发展的时代，如何培养孩子的思考力和适应社会发展的综合能力，成为整个社会关注的焦点。面对人工智能的挑战，人类所具备的对复杂事物的感知力、个性化思考力、想象力，以及提出新问题和新方案的创造力，是我们可以与人工智能抗衡的优势。因此，当下的教育界和各类社会组织都在积极投入思维课程和通识课程的研究和开发。

基于此，笔者团队研发了"会思考的通识课"系列图书。本系列图书是本团队在研究青少年心智发展各阶段特点的基础上，针对各学科学习需求和各学科互相促进发展的目标编写而成的，根据青少年的不同年龄段划分分册，并以青少年认知自我和世界的视角设计主题。旨在帮助青少年培养思维能力、解决问题的能力、自我管理的能力和适应环境的能力。在本系列图书的编写思路上，思考力的塑造着重围绕如下核心要素展开：

（1）知识：我们强调学科知识和博闻强识对培养思考能力的重要性。思而不学则殆。如果只是空想，而没有在实践和学习中积累知识和经验，那么培养思考力就如空中楼阁，是缺乏实践价值的。

（2）思维：思维能力概括说来是指一个人处理信息、分析判断决策和解决问题的能力。本系列图书重点关注逻辑思维能力，对大局观和系统整体有效运行的意识，处理分析信息时的建模思想，以及善于利用工具帮助自己解决问题的能力。

（3）表达：这里的表达，既指能站在自己的角度进行描述和阐释的能力，又指能站在对方的角度思考和辨析问题的能力。

（4）协作：这是关于社会适应性的问题。需懂得如何与一个组织和团队进行交流，明白自己在什么位置，承担什么职责，懂得价值判断，学会取舍和平衡，目的是使这个系统和团队发挥最大的价值。

21世纪20年代是人工智能技术快速发展的时代，我们正步入新一轮科技发展的浪潮。科学技术对人类社会的影响，不仅限于提高生产力水平，更深刻改变着人类社会在人伦道德、社会结构与分工、文化艺术以及法制民主等多个领域的面貌。此外，人工智能技术如今正深刻地改变着我们的思维模式和生活习惯。在这样的背景下，青少年的学习成长之路应如何规划？应培养哪些能力，以及如何培养这些能力，才能更好地适应未来时代的需求和发展？

本书站在一个孩子初识人工智能技术的角度，介绍了人工智能概念产生的背景，并将人工智能与人类的能力做了分析和对比，就人工智能是否会取代人类，在未来社会人类如何与人工智能共生，人工智能有可能把人类引到一个什么样的世界等问题进行探讨，由人工智能技术联系我们当下的生活变化和对未来可能产生的影响，从而引发孩子们对未来人类生活的想象和思考。

本书共分为三个部分，开篇从解释人工智能概念说起，分析为什么发展人工智能，并从工作、学习和生活方式等方面展望"人工智能如何影响人类未来"。第二部分围绕当下热点话题"人工智能会取代人类吗？"展开，分析人工智能的优势与劣势、人类有什么特点、人工智能可能替代人类的哪些工作，以及人类在哪些领域可以保持优势。第三部分讲述在人工智能时代，我们需要具备哪些思维方式才能掌握主动并驾驭未来。该部分讲述人类和人工智能在哪些方面可能会有竞争、如何共生，同时也强调人工智能更多的是成为人类的朋友，帮助人类提升生活品质。

全书共分19个小节，每小节之后还设置了一些启发式思考题，孩子可以通过翻阅书籍、检索数据库、与父母老师交流，或者扫描前言后二维码获取线索与方案。笔者希望家长能鼓励孩子独立思考和寻找答案。

本系列图书的编写得到了丛书编委会成员、评审组专家以及视觉设计团队的大力支持。感谢丛书编委会成员王雯雯女士、孙洁女士、熊标先生和刘智源先生。本系列图书在编写过程中还得到了评审组专家邵巍女士等人的悉心指导。来自美国超威半导体公司（AMD）的 Tao Deng 先生、字节跳动的吴国楠先生和阿里巴巴的冯超先生也在本书的编写过程中提出了中肯的建议。本书的封面、版式等视觉设计得到了插画家张文绮（Vikki Zhang）女士的鼎力相助。笔者在此一并表示由衷感谢！

若发现本书行文过程中有不当疏漏之处，您可发邮件至zhiyousiwei@sina.cn，与我们联系，也诚挚邀请对通识课程有兴趣的朋友与我们联系交流，共同为通识课程的设计与完善贡献力量。

瑞　娜

2024年12月28日

扫一扫 了解更多
跨学科思考力课程

目 录

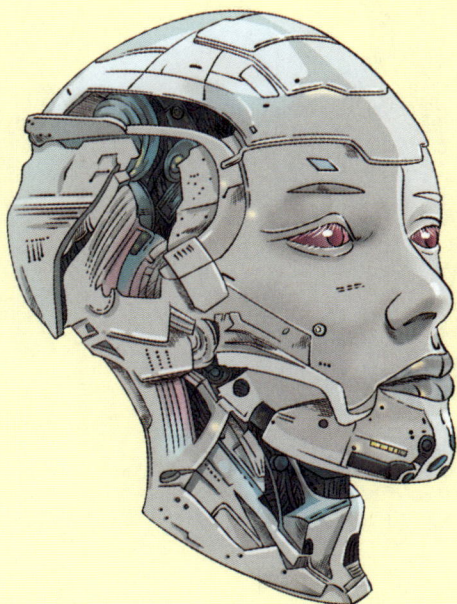

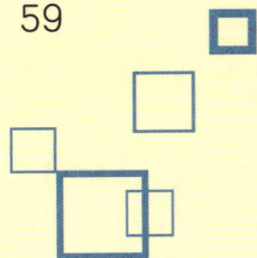

人类如何与人工智能共生？ / 65

人工智能如何影响人类未来?

经济决定人类有能力做什么，科技决定人类可以做到什么水平，文化省思哪些事应该做，而哪些事不应该做。

——梁晓声"第十届茅盾文学奖"获奖感言

什么是人工智能？

生活中的人工智能技术

很多人可能已经注意到，不少新款汽车上配备了人工智能语音助手，它就如同一位驾驶秘书，人们通过语音就能让汽车实现导航路线优化、自动泊车、应急避险停车以及自适应环境调节等功能。什么是自适应环境调节呢？比如说，座椅内的传感器可精准识别乘客的体形，并自动对座椅的头枕、腰托等进行调节，以提供最佳的乘坐体验和身体支撑；再比如，车内的空气质量调控系统可以实时监测车内空气指标，并根据实际情况自动调节温度、湿度等。这是传统汽车叠加了人工智能技术后产生的变化。这样的汽车不仅是帮助我们出行的工具，而且是一个更加智能的载体，被称为智能网联汽车。

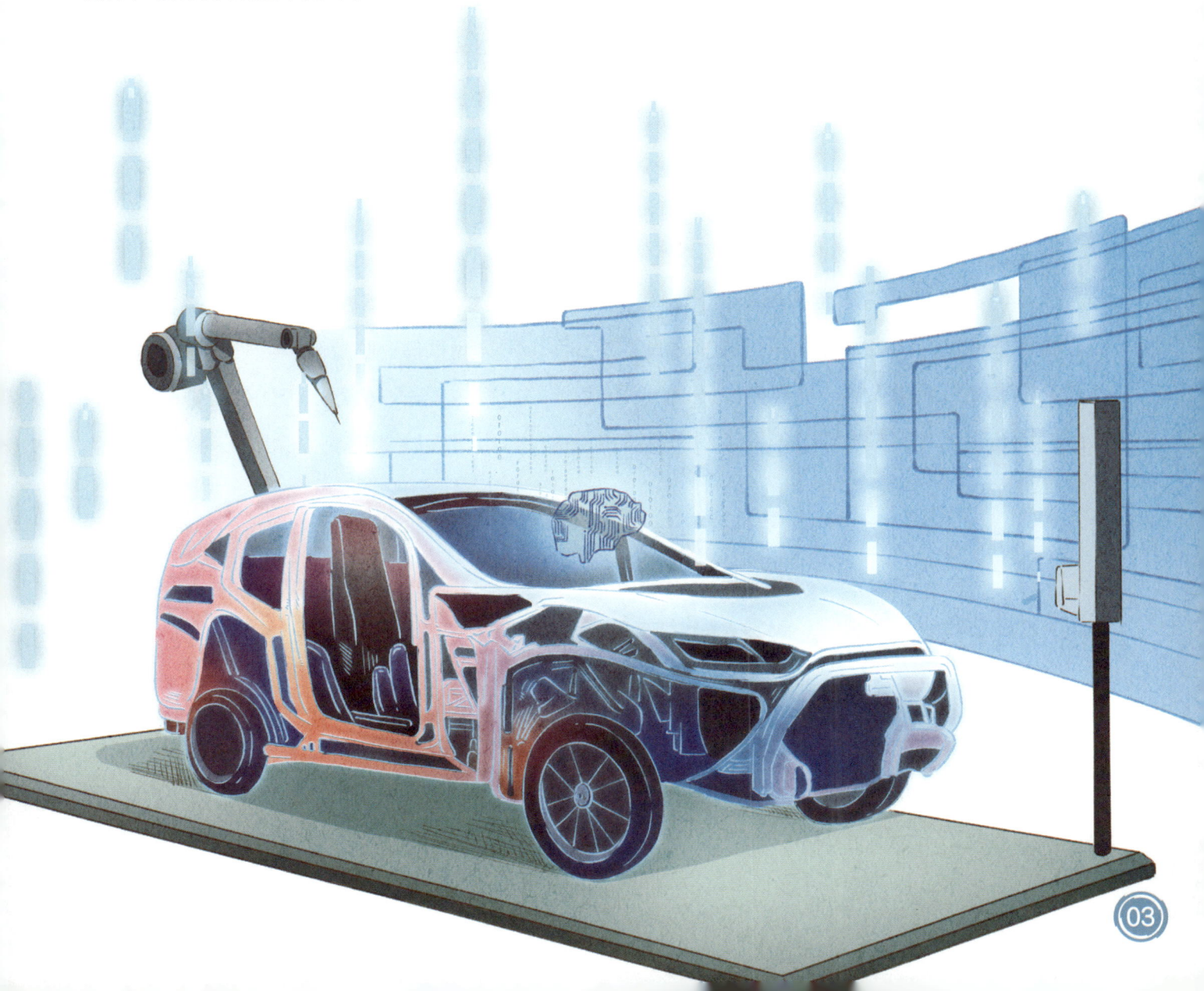

什么是人工智能技术?

1943年，美国神经科学家沃伦·麦卡洛克和逻辑学家沃尔特·皮茨提出了神经元的数学模型，用以表达和模拟人类的神经网络。

人工智能技术，即Artificial Intelligence（简称AI），就是通过计算机程序或机器来模拟人类神经网络思考原理、实现人类智能的技术和方法。它使机器具备感知、理解、判断、推理、学习、识别、生成、交互，甚至创造等类人智能，从而能够执行各种复杂任务，甚至在某些方面超越人类智能的表现。

图灵测试是用来做什么的?

1950年，被誉为"人工智能之父"的艾伦·图灵提出用"图灵测试"来判断计算机程序是否和人类拥有相当的智能。测试时，测试员通过屏幕与一个人以及一个计算机程序进行文本交流。经过一段时间的交流之后，如果测试员无法准确地辨别出哪个是人、哪个是计算机程序，则可以说该计算机程序通过了图灵测试。图灵测试已经成为人工智能领域评判机器智能水平的主要标准之一。

但是图灵测试也有一定的局限性。比如，图灵测试主要关注机器在文本对话中的表现，然而，在评估视觉、听觉、触觉等智能领域的能力方面，图灵测试仍面临挑战。此外，图灵测试主要判断机器是否能像人类一样思考，而现代人工智能的研究除了关注机器是否能像人类一样思考之外，还非常关注机器思考时占用了多少资源和能耗、做出反应的速度等性能指标，以及如何优化这些指标。

智能网联汽车中的人工智能

智能网联汽车是我们日常生活中常见的集合了最多人工智能技术的机器设备之一。如今，智能网联汽车技术的发展已进入"无人驾驶"时代。想象一下在无人驾驶模式下，智能网联汽车需要实现哪些智能化功能呢？

智能网联汽车的"眼睛"和"耳朵"

首先，智能网联汽车要能感受到自己的行驶环境，也就是需要"眼睛"和"耳朵"。智能网联汽车可以运用摄像头、雷达等装置获取外部的动态环境，而对于道路、花坛、红绿灯、指示牌等静态环境，都会被预先设置在汽车的高精度地图中。这里会用到机器视觉、雷达感知、语言识别和多元信息融合处理等技术。

智能网联汽车的"大脑"

在获取了外部环境信息数据后，接下来智能网联汽车需要对这些信息进行处理。我们需要给智能网联汽车安装一个聪明的"大脑"，让它学习交通规则，学习汽车的加速、制动与转向，学习如果外界环境突变应该怎么应对。这个"大脑"的功能是由智能网联汽车的中央处理单元实现的，它由包含若干块芯片和器件的集成电路构成。

当车载摄像头拍摄到照片或者通过车载雷达反射回电波信号，这些信息会被传送到中央处理单元。中央处理单元将这些信息转化成自己能够"读懂"的机器语言，并通过人工智能技术对这些信息进行抽丝剥茧般的处理，"思考"和判断车辆是在加速还是转弯，是遇到红灯还是绿灯，前方是否有人行横道线，是否有行人在通行，等等。

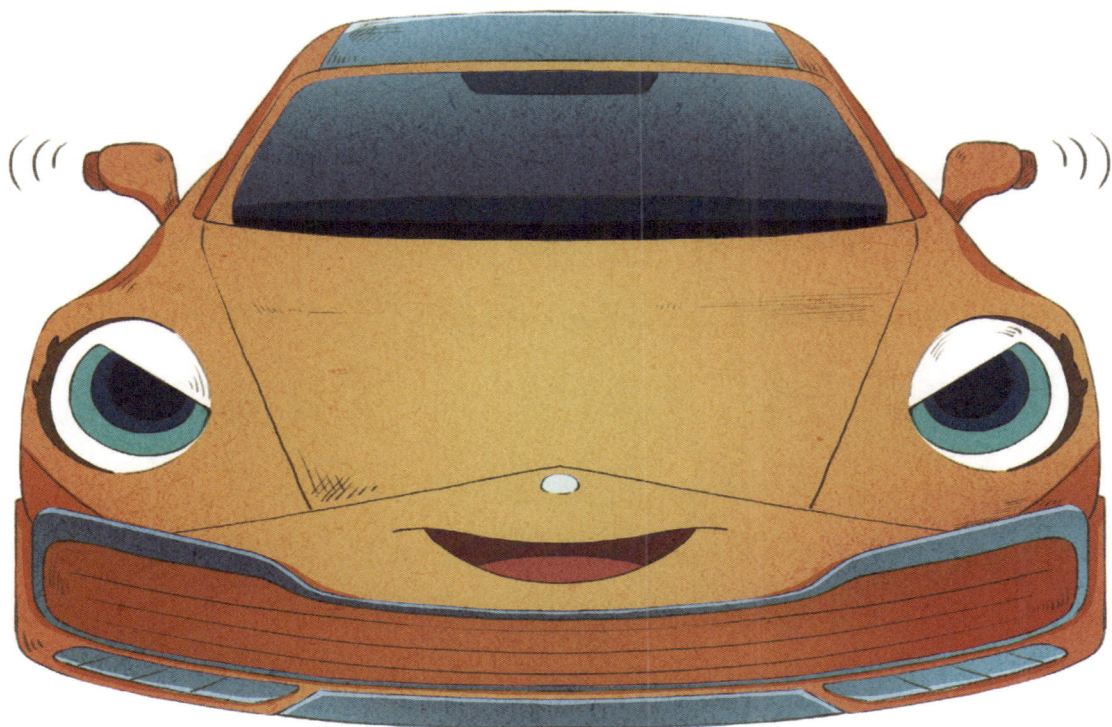

机器学习和深度学习

机器学习和深度学习是计算机进行大量数据处理和逻辑判断时采用的人工智能技术，它们能模拟人类的思考和判断，做出基于大量复杂信息的逻辑判断和决策。机器学习主要依靠一系列算法和技术，使计算机能够从数据中识别模式和规律，并利用这些模式和规律进行预测或做出决策。深度学习作为机器学习的一个核心分支，特别专注于运用多层神经网络来模拟人脑的信息处理机制，从而能够提取复杂的数据特征，并进行深入的逻辑推理。

由于车辆行驶时所处的环境十分复杂，道路上会遇到各种车辆、行人、交通信号、突发事件等，每时每刻的路况都在发生变化，因此，中央处理单元采集到的数据量十分庞大，这就对"神经网络"数据处理的实时性和准确性提出了更高的要求。通过机器学习和深度学习训练，智能网联汽车的"大脑"会被训练得越来越聪明，越来越能适应行驶中的复杂环境。在这个过程中，路径搜索、优化算法、决策算法和专家系统等算法和技术会被频繁使用。

精确的机械控制帮助实现自动驾驶

当得到"大脑"处理好的决策信息后，智能网联汽车需要用这些指令来控制运动。这就像人类一样，在路口处看到红灯亮起时，根据之前学习到的"红灯停、绿灯行"的知识，分析下一步需要停下脚步等待，然后再将这个指令传输到腿部执行指令。智能网联汽车也是这样，它的控制执行层主要依赖线控车辆底盘实现转向、制动、驱动等。精确的控制也是实现自动驾驶的必要一环。

人工智能技术助力实现车联网

车联网是指道路车辆通过通信网络互相连接形成一个整体和系统，互相配合和协作实现高效的运行。

自动驾驶技术不是一台汽车的智能技术，而是基于汽车与汽车、汽车与道路、汽车与互联网的系统智能技术。对全自动驾驶模型的研究表明，如果社会车辆形成车联网并完全进入自动驾驶模式，将提升30%以上的交通通行效率，而且能很大程度上避免交通事故，帮助人们摆脱消耗体力和脑力的驾驶劳动。

自动驾驶技术是未来交通发展的重要方向，中国也在加快新一代移动通信网络的部署，推进智能化城市道路基础建设工程。未来，我们会有更加舒适、安全、节能、环保的出行体验。

算力芯片是人工智能核心技术之一

人工智能技术中含有大量基于算法的运算工作，这需要巨大的计算处理器来完成，而这些计算处理器离不开算力芯片。

算力芯片是被设计用来专门进行大规模计算和数据处理的芯片，广泛应用于人工智能、云计算、大数据处理等领域。根据应用场景的不同，算力芯片可以分为多种类型，比如有原来主要用于图像处理后来用于通用计算，且被发现更适合做人工智能计算的通用计算图形处理（GPGPU）芯片，有为深度学习定制的专用领域架构（DSA）芯片等。这些不同类型的芯片在架构、功能和应用上都有所区别。此外，为了满足人工智能技术在更多场景的应用需求，很多公司也在开发新型算力芯片来适应各种特定需求场景。

人工智能技术的应用

从智能网联汽车上我们可以看到，人工智能技术通过机器学习模拟人类的视觉和听觉功能，通过大数据和物联网数据分析决策等算法，实现汽车在整个车联网系统中的智能运行。人工智能不仅在语音识别、图像识别、自然语言处理和智能交互中被频繁使用，现在也应用到了艺术创作、医疗诊断和生物基因等领域中，并且还在持续产生新的应用。

1　要掌握人工智能技术，除了学好数学外，还需要学习哪些学科知识，掌握哪些基本技能呢？

2　人工智能的核心技术有哪些？

3　查一查，算力芯片的发展难点有哪些？

4　你体验过智能网联汽车的自动驾驶功能吗？描述一下你心目中理想的交通工具是什么样的？它可以实现哪些功能？

5　我国有哪些科技公司在人工智能技术方面处于世界前列？他们擅长哪些人工智能技术？

为什么要发展人工智能？

在工厂中，人工智能机器人取代了操作工的岗位；在银行和超市等服务场所，自动售货机器人承担了柜员和收银员的工作；2024年，无人驾驶汽车开始替代出租车司机的工作……人工智能正在替代越来越多人类的工作，一些人被迫调换工作岗位或失业。有人不禁要问，人工智能正在取代人类的很多工作，为什么我们还要发展人工智能呢？

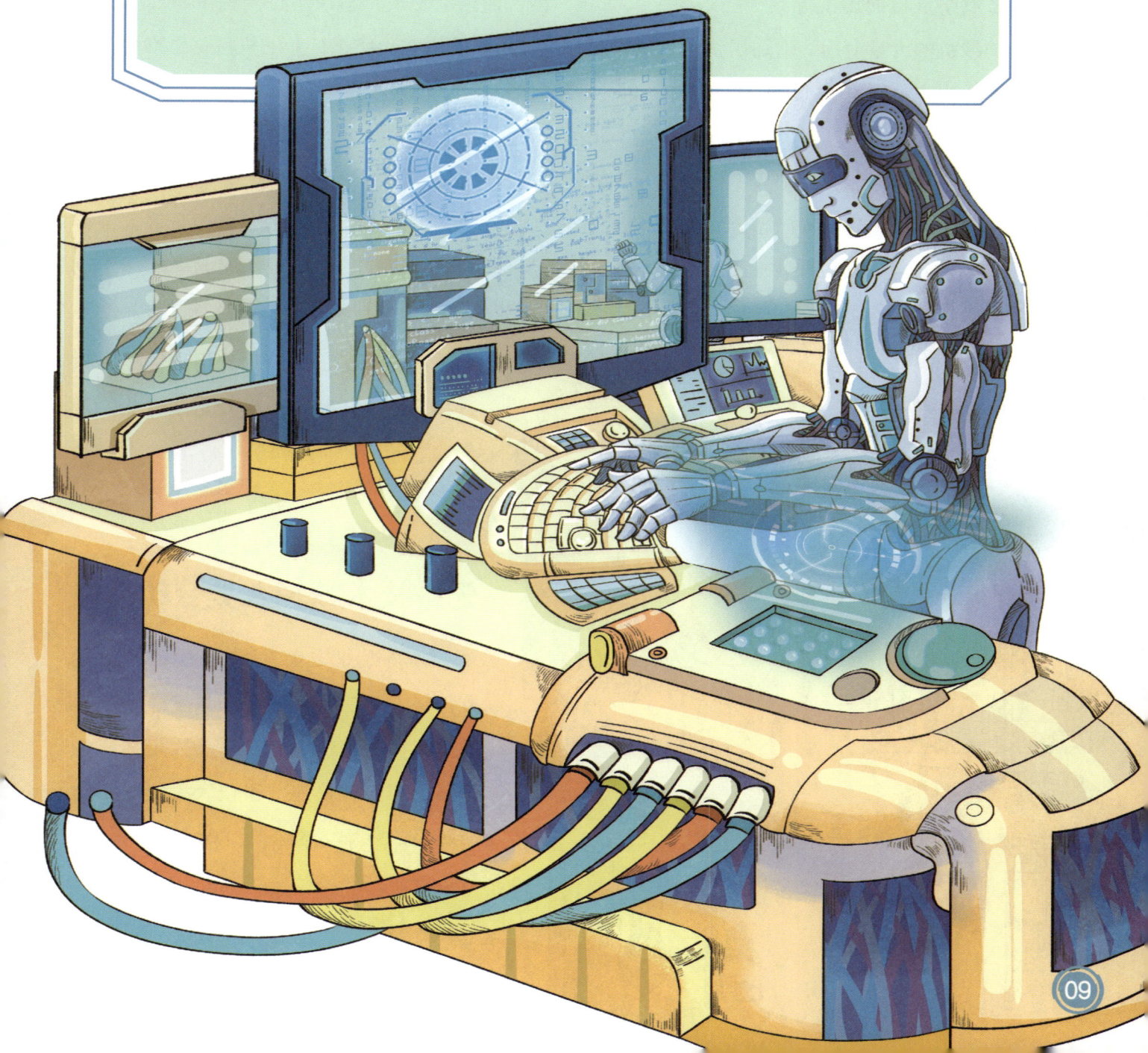

先进技术降低生产成本

1764年，英国纺织工人哈格里夫斯发明了手摇纺纱机。此后，纺纱机经过不断改良，显著提升了工厂的纺纱效率，纺纱机开始大量取代纺织工人的工作。与此同时，机械化生产大大降低了生产成本，纺织品价格越来越亲民，人们可以用更少的钱享用到更优质的产品，社会对纺织品的需求大幅提升。

先进技术创造新就业岗位

虽然纺纱机的出现导致一些纺织工人失业，但人们渐渐发现，新技术也催生了新的就业机会。纺纱机的大量使用，增加了纺纱机操作员和维护人员的岗位。纺织行业的机械化也推动了其他相关产业的发展，如机械制造业和能源供应业等，这些行业对人才的需求大幅提升。

同理，人工智能虽然取代了一部分人力劳动，但也增加了很多与人工智能产业相关领域的就业岗位。可以说，现在人工智能正在影响各行各业，新一轮的人工智能产业升级需要更多人工智能跨领域人才，也就是既懂人工智能技术，又懂得其他领域知识，并能将人工智能技术应用于该领域的人才，如人工智能医疗诊断算法工程师、人工智能教育训练师和智能驾驶训练师等。这些人才能将人工智能技术应用于医疗、教育和交通运输行业，提升这些行业的工作效率。

先进技术减轻人类劳动负担

物流行业之前分拣包裹靠的是人力，快递分拣人员的劳动强度非常高。现在很多物流快递公司采用人工智能机器识别、分拣快递，不仅大大提高了物流网络的效率，也减轻了分拣员的体力劳动强度。

先进技术提升人们的生活质量

洗碗机、扫地机器人和自动烹饪料理机等设备，减轻了人们的家务劳动量，让人们可以把更多的时间放在工作和享受生活上。

先进的科学技术逐渐取代人类重复性和消耗性的劳动，让人们能有更多时间去处理和对待更高级别的事务，去享受生活，这是科学技术发展的重要价值体现之一。

人工智能技术帮助人们解决疑难问题

人工智能技术能解决一些人类较难解决的计算问题，且比人类的出错概率低。在医疗、科研、教育等领域，人工智能技术能够快速处理和分析大量数据，帮助人们更快地发现新疗法、新规律或新知识，从而解决一些人类难以应对的复杂问题。

人工智能技术提升综合国力

人工智能技术还能大大提升国家的综合国力，在生产制造、信息技术、生物医药和卫生等领域发挥着重要作用。如今，各国在人工智能领域的竞争愈发激烈，掌握人工智能技术的国家在科技、经济、军事等领域将获得更大的竞争优势和话语权。

1 请观察生活中人工智能技术的应用场景，哪些是你喜欢的？哪些对你来说并没有什么吸引力？

2 你希望利用人工智能技术解决哪些问题？

3 尝试撰写一份能帮你解决某个问题的人工智能机器人产品说明书，并简单描述它的外形、功能键和每个功能键能实现的功能。

4 你觉得自己在做家务方面能与人工智能机器人竞争吗？为什么？

5 你觉得人工智能技术可能会给人类造成哪些威胁？

新能源汽车让我们的出行更舒适，摄影侦测技术让我们的生活更安全，互联网技术让我们采购生活物资更快捷、选择更多样。科技发展让我们切身感受到技术对人们生活的影响。那么，你有没有想过，未来人工智能技术将如何影响我们的工作方式呢？

应聘者

面试官

个人简历

未来的工作主要有哪几类?

在人工智能技术的影响下，未来的工作大体可分为四大类:

1 　　一是研究人工智能技术本身的工作。比如研究更高效的神经网络的算法工程师、研究更强算力的芯片工程师、研究如何让人工智能更精准理解人类语言的语义分析师和研究机器人仿生技术的工程师等。

2 　　二是密切结合人工智能技术的工作。这类工作将人工智能技术应用到各种场景中，比如，密切结合人工智能技术的高级制造技术工人，使用人工智能教学工具教学的教师，使用人工智能技术辅助诊疗的医务工作者，借助人工智能生成工具开发游戏的设计师、影视工作者和娱乐项目开发者等。

3 　　三是受人工智能技术影响相对较小的工作。有些工作比较依赖人类的手部精细动作来完成，这些工作目前受到人工智能技术的影响相对会小一些，比如生理解剖工作者、牙科医生、手术医生、考古学者、书法绘画工作者、手工艺者和乐器演奏者等。此外，根据麦肯锡的调研，和领导力、沟通力、批判性思维、创造力等与人类情感和多元技能融合有关的"软能力"方面的工作，也是比较难以被人工智能取代的，如心理咨询师和谈判专家等。

4 　　四是人工智能时代催生出的一些新工作、新职业，这类职业会随着技术、经济和人类生活的发展逐渐被开发出来。虽然它们目前可能还没有被定义和创造出来，但有潜在的市场需求，需要我们去发掘和创造。比如，人工智能体（AI Agent）定制师、低空经济中的无人机交通管理员和机器人保安管理员等，是当下产生的一些新型工作。

使用人工智能工具将成为基本职业技能

随着人工智能工具的开发和应用变得日益普及，人工智能应用和智能体将出现在我们工作和生活的方方面面，从而提高我们的工作效率。比如现在，传统导游已经升级为会使用翻译软件和同声传译软件的导游。使用人工智能软件辅助工作已经非常普遍。很多行业的从业人员，工作中都需要使用人工智能软件进行搜索、查重、翻译、自动生成文稿、辅助绘图等。熟练使用人工智能软件将成为未来人们的一项基本职业技能。

与人工智能助理一起工作

人工智能助理是指辅助人们工作的人工智能体。该人工智能体集成了若干人工智能技术应用场景和解决方案，帮助人们解决工作中的各种问题。

比如，以前制作一个视频或一部小型动画电影，可能需要至少2~3个人分工合作，现在利用人工智能技术，一个人就可以在短时间内制作完成一部小型动画电影。人工智能体能基于人们给出的文案和剧本，设计动画形象，根据情节生成一段视频，还能根据人们的要求定制特效。人的主要工作是引导人工智能体生成作品并对其加以完善。

经常变更岗位和调整职业发展方向

未来，随着人工智能技术的快速发展，人类的工作和职业会经常面临调整。从前，一份工作的内容和方式，可能十几年甚至几十年都不会发生改变。然而，随着技术的不断进步，原有的工作模式可能会被新技术所取代，或演变为全新的工作形态。此外，新技术的涌现将催生新的职业，因此，未来人们可能会更频繁地转换工作内容和职位。人的一生可能会从事多种类型的工作。

需要发挥创造力和想象力的工作会成为热门

一些需要发挥创造力和想象力的工作，往往难以用语言精确表达或按部就班地执行，这些工作目前较难被人工智能取代。因为这类工作既需要复杂的逻辑推理，也需要发散性思维和联想。比如创造一种新应用场景的产品设计工程师、美术设计师、小说家、游戏设计师、娱乐节目设计师等。

手艺人会成为热门职业

具身机器人（具备人形的机器人）和仿生机器人在2023年以来得到快速发展，但它们在肢体活动，尤其是手指关节的运动灵巧性方面，它们与人类还有差距。人类手指关节的灵活性以及执行精细动作的能力，使得一些手艺人难以被人工智能机器人取代，比如理发师、手术医生、按摩理疗师、工艺美术师和手绘画师等。

彰显个性的工作会成为热门

人工智能会逐步取代那些单纯消耗体力、可被轻易模仿和复制的工作，让人们有更多机会专注于自我个性的展现，创造更贴合个人特质和追求、更具个性魅力的产品。

2024年，众多新兴的、彰显个人文化气质的博主出现，开始形成自己的个性品牌，如田园生活博主、装修博主、考古文化探究博主、人工智能创意视频剪辑师等。这些行业的从业者们，通过塑造自己的个性和形象，在满足大众消费需求的同时，也成功吸引了一批欣赏他们个性表达和独特审美品位的"粉丝"，在行业中独树一帜，形成了自己的"网红"品牌。

人工智能发展带来的挑战与平衡

人工智能技术的进步同样面临关于隐私保护、就业格局、伦理道德和社会公平的诸多挑战。在一些行业领域，人类还会与人工智能产生竞争。我们需要谨慎地平衡人工智能带来的好处和潜在风险，并懂得如何与人工智能协作发展，让科学技术的发展最终能造福人类社会，让人类拥有更好的生活。

人类未来还需要工作吗？

可能很多人会问，如果人工智能的劳动能为人类提供足够的生活物资，人类是不是就不用工作了呢？在科幻故事里，这是可能出现的情节。但在现实社会，人工智能技术的发展距离实现这个目标还有一段距离。在未来较长一段时间内，人类还需要通过工作换取劳动报酬。

但是，人工智能技术会逐渐改变人们工作的方式和意义。

首先在工作的空间和时间上，人工智能技术为人类随时随地工作提供了便利。在现代社会，越来越多的人享有灵活的工作时间。一些公司的员工可以错峰工作和休息，进行居家办公、远程会议等。

其次，随着不同职业和工作的薪酬差距逐渐缩小，人们将不再仅仅因为基本生活需求和高薪而选择某个职业和工作，而是更倾向于追求与个人兴趣和爱好相契合的职业和工作。未来的经济和财富分配体系将朝着更加公正和可持续的方向发展，以确保人工智能技术的进步能惠及每一个人，而不仅仅是少数人。

尽管在可预见的未来人类仍将需要工作，但人们推动人工智能更有效地服务人类，提升人类生活品质的目标始终不变。只要朝着这个方向不懈努力，人工智能将创造一个更加美好的世界。

1　为什么社会有不同的职业和分工？是否每个人都需要工作？

2　为什么我们要做职业规划？一个人一生只能从事一种职业吗？转变职业需要个人付出什么努力？

3　有人收到了两家公司的聘用通知，但他最终选择加入薪水较低的那家公司。你认为原因可能是什么呢？

4　未来，在一些领域人类不可避免地会与人工智能存在竞争，比如教育、咨询、程序开发等。你觉得人类应如何应对？

5　基于你对当前人工智能技术发展的理解，请展开你的想象，你认为在多少年后，机器人将完全代替人类劳动与创造基本生活必需品？在多少年后，人类将不用为了获得基本的生活物资而工作？

人类未来的学习方式会发生哪些改变?

随着科学技术的快速发展，知识和技术的更新速度越来越快，人们获取新知识和新技术的途径越来越多。现在流行的某项技术和产品，几年后也许就销声匿迹，被新的热点技术和产品取代。面对人工智能技术带来的一系列社会变革，我们的学习方式将会发生哪些改变呢？

适应知识体系的快速更迭

人工智能时代，知识和技术的更新速度比我们想象中的更快。为了跟上新知识和新技术的脚步，我们首先需要对人工智能技术对人类社会的影响有一定的了解，具备一定的前瞻意识。在学习的同时，时刻关注新知识和新技术。

学科设置和教材内容的更新速度加快

人工智能技术的发展大大扩充了人类的知识体系，也为科学技术的应用开辟了更广阔的空间。而从历史上几次工业革命和互联网发展史来看，学校的教材内容、课程内容和大学的专业设置普遍滞后于技术的更新与发展。

这种情况是难以避免的。因为教学的目标是为社会的发展培养人才，因此，需要由社会发展需求的变化来推动教学目标的调整。每当社会产生新的技术应用场景和发展需要后，才能推动学科设置的变化和教材内容的修订。

比如，人工智能自动生成内容（AIGC）技术这几年已在美术设计和数字娱乐领域实现普遍应用，但是直到2024年，世界一些知名大学才在设计院系新增艺术和人工智能技术的交叉学科专业。同样，人工智能技术已经开始对哲学和法学领域提出挑战。比如，人类认养的人工智能机器宠物，是否适用于动物保护法？当有人利用人工智能机器人犯罪时，对这些人的处罚应该依据哪些法律条款？是否需要针对机器人犯罪新增和修订法律条款？很多大学也是在2024年才开始在研究生教育阶段新增人工智能哲学和人工智能技术与法律等研究方向的。

突破学科边界

人工智能时代，很多新技术和新应用都涉及跨学科领域。目前，有限的学科分类和专业可能会限制你思考和学习的视野，甚至阻碍你发展兴趣爱好，施展天赋。只从单学科知识角度思考问题，就像一只坐在井底的青蛙，只能看到如井口般大小的天空，又或是盲人摸象，未知全貌。

比如，AIGC在影视领域的应用研究正如火如荼地进行着。AIGC软件是如何根据人们提供的文案和剧本，自动生成一段符合要求和期望的影片的呢？这不是一个单纯的数学问题或者物理问题，这里涉及语义理解、逻辑算法、动画与特效等多领域知识。要把这个问题解决好，从业者们不仅需要掌握人工智能技术，也需要对自然语言处理和动画技术等领域有比较深入的了解。

人工智能技术已经催生了各企业对大量具有跨学科领域知识和技能的人才的需求，如利用人工智能技术进行遗传学研究，利用人工智能技术进行医疗手术等。因此，我们需要突破学科边界，培养跨学科思考和解决综合问题的能力。

基于人工智能应用场景的实践型学习

未来有很多新技术和新工作是围绕人工智能与传统领域结合的新应用场景展开的。因此，我们学习的知识和技能也会围绕如何解决这些应用场景中的问题展开。

在如今的一些科创项目和科创竞赛中，有不少研究课题和竞赛选题是围绕人工智能技术的现实应用问题展开的。比如，如何利用人工智能技术创造一位教孩子弹奏古筝的机器人老师？如何利用人工智能技术为购房者智能制定购房计划和贷款方案？如何利用人工智能技术给出最优的旅游出行方案等。

从书本和课堂上学到的知识和技能，与实际工作、生活中的应用存在一定的差距。作为学生，我们需要学习人工智能工具，并尝试使用人工智能工具解决问题。这个过程可以触发我们思考目前的应用存在什么问题，哪些地方可以改进，如何改进，需要我们储备哪些知识和学习哪些技能等。

比如，你可以尝试使用人工智能工具设计你的学习小报和演示文稿的版式，制作动画和微电影，或者在人工智能大模型客户端定制一个你的人工智能好朋友模型。在这个过程中看看人工智能技术是否能满足你的要求，还有哪些不足，尝试了解要想解决这些不足之处需要改进哪些方面的技术。

多途径学习

人工智能时代，学习资源变得更加丰富，教学方法也更加灵活，学生的学习途径也变得更多了。学生不仅能在教室里听老师上课，还可以通过学习软件、直播公开课、人工智能教师在线教学和自媒体的定制课程开展学习。

定制化学习

人工智能技术能根据学生的学习进度和能力，定制教学内容和方法，大大提高了学生学习的效率和兴趣。比如，现在有一款能教孩子跳绳的软件。该软件能自动识别孩子手执绳子、双腿跳动、手臂运动的姿势等，指导孩子如何通过调整身体动作，循序渐进地学会跳绳。这款软件还能通过人像动作追踪和识别，给孩子跳绳计数，设置训练的时长和周期，帮助孩子合理地分配时间，科学运动和健康学习。

独立、自由地学习

由于人工智能技术可以为用户提供定制化的教学服务，还能提供智能学习辅导和答疑、自适应测评、虚拟教育小助手、缓解学习焦虑小秘书、智能定制学习计划、学习成绩智能分析诊断等多种功能，因此，在人工智能教师的辅助下，人们可以自己独立制订学习计划，实现独立自主的学习。

人工智能技术为人们提供了各种远程学习和线下学习软件。这些技术为那些由于各种原因不能进入学校学习的人，提供了更多学习进修的机会。因此，未来的学习方式将更独立、自主和自由。

具备全球化视野的学习

人工智能技术使学习资源打破了地域限制和学校之间的壁垒，更容易在全球范围内实现学习资源共享。因此，在全球化日益加深的今天，具备跨文化交流的能力和国际视野对于学习者来说非常重要。

关注新技术的进展

2023 年人工智能大模型 ChatGPT 问世，当时这只是一个文本型人工智能体。2024 年年初，多模态人工智能模型 Sora 的发布引起全世界关注。多模态是指人工智能体可以用两种（比如听觉和视觉）或者两种以上的感官与人类进行交互。当人们在感叹算力成本居高不下，算力芯片公司股价水涨船高的时候，2024 年 5 月，DeepSeek 公司发布 DeepSeek V2 开源模型，将推理算力运行成本大幅下降，为人工智能的发展提供了更经济实惠的解决方案。

新技术的发展日新月异。而根据最新的人工智能体参加高考的分数情况分析，人工智能已经能达到文科本科分数线水平。由此可见，改变我们的学习方式、增强我们的能力，以适应与人工智能共存的时代，变得至关重要且迫在眉睫。

思考题

1

每年都有大学及时调整专业分类和设置，以应对科技进步带来的社会分工和职业发展变化。为什么学科分类的设定总是滞后于社会分工和知识发展的需求？

2

在小学阶段，你除了学习语文、英语、数学、音乐艺术、道德法治与体育等，否还额外学习了其他课程？为什么？

3

如今市面上有大量陪练软件，如钢琴陪练、跳绳陪练软件等。你有哪些技能是通过使用人工智能学习软件学到的吗？你觉得软件使用效果如何？能完全替代人类教师吗？

4

你觉得使用人工智能学习软件来学习有什么负面作用吗？比如会导致学生过多接触电子产品，从而影响视力；又或者会导致学生过度依赖电子产品，从而不利于培养独立学习和思考的能力。

人类未来的生活方式会是怎样的？

社区共享校车

下一站
知有小学

随着人工智能技术在社会生产生活各个层面的渗透和发展，人工智能技术会逐渐影响人类的生活方式。那么，人工智能时代，人类的生活方式会发生哪些变化呢？

人类会拥有更多休闲娱乐的时间

人工智能技术的发展，使人类进一步从标准化、程式化、机械化的体力劳动中解放出来，可以将更多的时间和精力放在精神享受和满足个性化需求方面。比如，以短视频和短剧为代表的影视娱乐行业、游戏行业和直播行业的蓬勃发展，说明人们追求休闲娱乐节目多样性的同时，用于休闲娱乐的时间也变得越来越多了。

长期来看，人工智能的发展会让人们上班工作的时间逐渐减少，休闲娱乐的时间逐渐增多。2023年来，有些国家已经开始尝试推行一周四天工作制。

人们有更多时间提升审美情趣和追求艺术表达

从美学发展的历史来看，每次科学技术的进步和生产力的变革，都会引发文艺创作新一轮的爆发式增长。人们的审美情趣和对美好事物的追求也会进入一个新的发展阶段。

比如，19世纪，摄影技术的发明动摇了传统绘画的地位。新的摄影作品的产生，也促进了行为艺术等各种摄影机辅助艺术形式的发展。21世纪初的数字摄影、视频编辑软件、3D建模等技术的出现，为影视创作带来了新的发展机遇，使人们可以欣赏到更生动和精彩的3D电影。

在人工智能时代，人们有了更多的时间去追求更美好、更具审美价值的事物。过去，我们很难自己独立制作一张精美的海报、一个有趣的视频，然而，人工智能生成内容技术的发展，能使我们拥有越来越多高效的创作工具。通过这些工具，我们不仅能够创作符合个人审美的作品，还能够改进和升级现有的作品。随着更多人参与创作和竞争，社会将产生更加丰富、质量更高的精神文化产品。

个性化服务越来越丰富

私人助理、私人导师、私人营养师等私人定制行业将迎来新的发展机遇。这些行业不仅能够满足人们日益增长的个性化需求，还能推动相关行业的创新和变革，进一步提升人们的生活体验。

交通出行更便捷和舒适

人工智能技术让未来的交通网络系统更加发达，算法更精确，能容纳更多类型的交通工具和出行方式。目前，无人驾驶汽车之所以能获得一定的市场认可度，是因为它不受司机作息时间的限制，规避了人为的不安全因素，且能接受智能网联中心更高效的派车调度。随着无人驾驶技术的成熟和道路管理效率的提升，无人驾驶汽车将得到大范围应用。届时，早晚高峰和夜间用车将更便捷。

未来的交通出行方式不再局限于传统的汽车、地铁、飞机等，而是会出现更多新型交通工具，如飞行汽车、低空飞行器、真空隧道列车等。通过这些新型交通工具，结合共享出行方式，以及合理的道路通行规则，整个交通系统能够实现更快速、更便捷的运转，同时满足人们在不同时段的各种出行需求。

未来的交通工具将被设计得更加舒适，同时附带各类休闲娱乐设施，让出行像在家里一样轻松、自在。现在一些房车、高铁商务车厢和飞机头等舱里也有诸如此类的设计，随着技术升级和成本下降，未来，这些人性化设计将得到进一步普及。

智能交通系统将是未来交通出行的重要组成部分。通过先进的传感器技术、通信技术、人工智能算法等技术手段，智能交通系统能够实现对交通状况的精准感知和实时分析，为交通决策提供依据。同时，智能交通系统还能够实现不同交通方式之间的无缝衔接，为用户提供便捷、高效的出行体验。例如，未来的自动驾驶汽车将能够实现自主导航、避障、跟车等功能，大大提高了出行的安全性和便捷性。

更智慧的医疗健康管理服务

未来，随着人工智能技术的不断发展，人工智能医生将上岗提供医疗服务。陪诊机器人能为老弱病残孕等行动不便的人士提供更多医疗服务，这将大大提升这类人群的就医体验，减轻医护人员负担。

在人工智能技术的加持下，个人医疗健康监护系统将会更加完善，可以实现对个人的起居情况等进行实时监测，及时为行动不便的人群提供帮助，并在突发状况下立即向医疗机构求援，还可以为人们提供理疗按摩等，这将大大提升人们的生活质量。

陪伴型机器人将获得广泛应用

世界上多个国家的陪伴型机器人都已经得到商用。这些陪伴型机器人不仅可以实现基本生活场景中的交流对话、娱乐节目点播、日程提醒等功能，还可以提供一定的情感支持。

当下，独居老人越来越多，老年人可能会面临一些自理能力受限，如起床、洗漱、穿衣等。机器人可以通过智能穿戴设备、智能导航和机械臂等技术，帮助老年人完成这些日常活动，减轻他们的生活负担，并在异常情况下发出警报。

对于婴幼儿，一些智能照护机器人能够高精度监测婴幼儿的心率、呼吸以及睡眠状况，实时识别婴幼儿的在床动态，一旦遇到突发问题，会立即触发安全警报，为婴幼儿的人身安全提供有力保障。在婴幼儿白天的活动中，机器人可以通过智能摄像头和传感器实时监控婴幼儿的活动，防止他们跌倒、误食异物等，保证他们的安全。机器人还可以随时随地陪伴孩子，不受时间和空间的限制，这将为忙碌的照顾者提供极大的帮助。

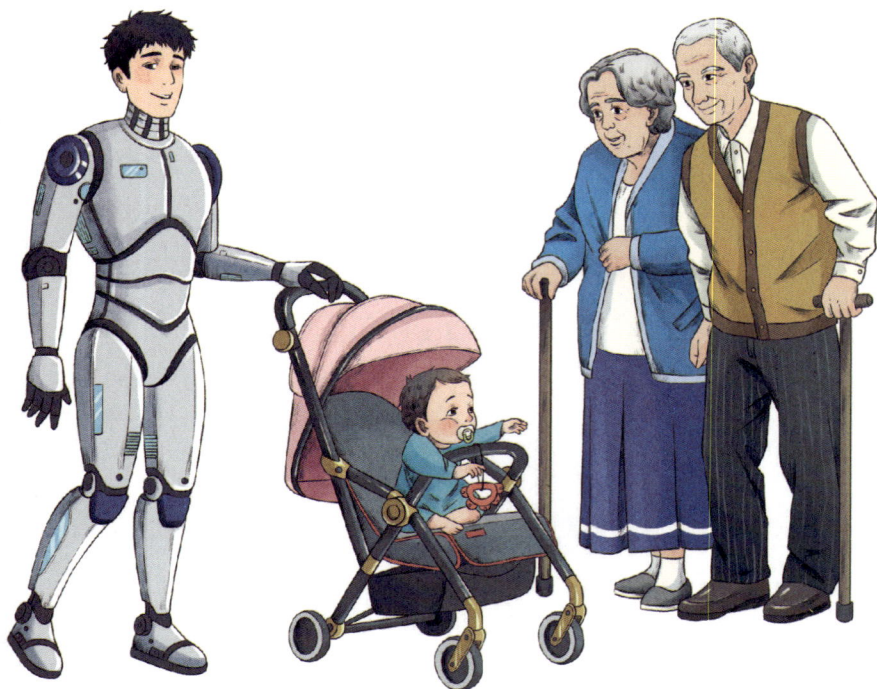

陪伴型机器人的应用场景非常丰富，除了以上照顾老年人和婴幼儿的场景，它们还可以陪伴人们学习、运动、做家务、做游戏等，负责安保工作，还可以充当人类的宠物等。我国非常重视具身机器人产业的发展，此类项目的研发工作目前正在积极进行中。

更安全和智能的生活环境

在很多城市，机器狗和机器人保安已经投入社区安保系统中进行测试。大城市大数据管理方面，通过深入的数据分析，警方能够快速察觉犯罪线索，预测罪犯可能的行踪路线，及时预警，提升紧急情况下的响应速度。利用人工智能技术，我们能够建立更严密的安防网络，更加高效地预防犯罪行为发生。人工智能技术还将助力城市管理向智能化方向发展，涵盖智能垃圾分类、智慧能源管理等创新应用。

其他垃圾
Residual Waste

有害垃圾
Hazardous Waste

1

　　俗话说，"科技改变生活"。在你看来，过去这些年，有哪些科技改变了我们的生活？

2

　　现在很多国家施行的都是一周五天工作制，随着人工智能取代人类的部分体力劳动，人类工作的效率会大大提高。未来我们一周可能只需要工作四天，可以休息三天。这种情况下，你觉得哪些行业会新增就业需求？

3

　　飞行汽车是一种结合了汽车和飞机功能的多模式交通工具，既能在地面上行驶，又能在空中飞行。这种概念车辆的设计灵感源于人们对缓解未来城市交通拥堵问题的需求，以及人们对高效出行方式的追求。请你了解一下，飞行汽车为什么能飞起来？原理是否同飞机是一样的？在你看来，飞行汽车在公共道路上行驶可能会产生什么问题？应该如何解决？

4

　　无人驾驶汽车在应用方面遇到的主要难点和障碍有哪些？应该如何解决？

5

　　如果由你来设计一辆未来的房车，你希望这辆房车有哪些功能？请尝试设计一辆适合短途旅游的房车。

6

　　陪伴型机器人目前已经实现商用。请你了解一下这些陪伴型机器人的体型大小和价格，以及它们在当前应用中还有哪些方面需要改进。

7

　　宠物机器狗在市场上颇受欢迎，目前这个领域的技术发展非常迅速。请关注宠物机器狗在过去两年中新增的功能，以及当前的年销售情况。你认为除了作为宠物，还能为宠物机器狗开发哪些额外功能？

科学技术的应用有边界吗？

人类利用克隆技术成功克隆了羊，那么是否意味着人类也可以被克隆呢？基因编辑技术有潜力用于治疗遗传性疾病，然而，若其应用转向选择性生育，仅培养基因优异的人类胚胎，摒弃自然生育过程，这是否为人类社会所接受呢？科学技术的应用有边界吗？人工智能的应用会威胁人类生存吗？

科技发展的目标是造福人类

科学技术的应用是为了造福人类，这是衡量科技价值的基本标准。所以，科技的应用是有边界的，不能有损人类的生存和未来的发展。

滥用科学技术导致的伦理风险会危害人类社会的正常发展，引发严重的社会问题。人工智能的应用也是如此。因此，许多国家制定了严格的法律法规，限制这类技术的应用范围，以保护人权、避免潜在的伦理风险。只是每个国家的国情不同，每个国家设置的边界也会不太一样。例如，有某些国家可能更加重视保护个人隐私，而有些国家可能更加关注因技术滥用所引发的不平等现象。因此，科技应用的边界需要根据具体情况来确定，以确保科技与人类社会的和谐发展。

科技应用不应逾越法律边界、违背伦理道德

一个人可以认养一个机器人作为自己的子女并继承自己的财产吗？一个人和一个机器人共同生活，如果机器人触犯了法律，这个人是否需要承担监护人的责任？如果这个人有一天不喜欢这个机器人了，他是否有权利把这个机器人遗弃到垃圾场？看到这些问题，你心中是否有了自己的答案呢？

这些问题都触及了科技应用的伦理边界。认养机器人作为子女，涉及财产继承权的问题，而机器人触犯法律，又牵涉责任归属问题……这些都需要法律明确界定，以避免触碰道德和法律的灰色地带。

人工智能技术的发展让机器人越来越像人类，还产生了数字生命和虚拟人物等各种"生命体"。这些"生命体"有思想，还可能有实际行为，该如何让这些新型"生命体"适当和正确地融入人类社会，与人类社会的道德和伦理相适应，是世界各国的人工智能专家们都在积极探讨的问题。

著名科幻作家艾萨克·阿西莫夫在《银河帝国》中提出了"机器人三定律"。

第一定律：机器人不得伤害人类个体，或因不作为使人类个体受到伤害。

第二定律：机器人必须服从人类的命令，但不得违反第一定律。

第三定律：机器人在不违反第一及第二定律的情况下，必须保护自身的存在。

"机器人三定律"表明了阿西莫夫本人对人工智能伦理和机器人权利的思考，也可以说是为机器人的行为设定了底线和规范。

社会公众的接受边界

即使某项技术具有潜在价值，但如果社会大众普遍不接受或有抵触，其应用也会受到限制。例如，转基因食品在安全性上虽然经过严格评估，但由于公众对其安全性存在疑虑，其市场推广面临一定困难。

环境保护和可持续发展边界

应用科学技术时，我们必须考虑其对环境的潜在影响，以确保实现可持续发展。以清洁能源技术的推广为例，其目的在于减少我们对化石燃料的依赖，降低温室气体排放量，进而保护我们的地球环境。

各国政府通过立法来规范科学技术的研发和应用，确保其与国家安全、公共安全、个人隐私等法律要求相符合。例如，数据保护法规限制了对个人信息的滥用，而生物安全法规则确立了生物技术的安全使用标准。

人工智能的法治研究已经进入管理和实施阶段

2024年世界人工智能大会法治论坛在上海举行。该论坛以"人形机器人的法治与伦理"为主题，重点发布了《人形机器人治理导则》和《世界人工智能法治蓝皮书（2024）》。比如，《人形机器人治理导则》第一章第一条即明确"支持人工智能科技向善发展"。此外，在第二章"基本遵循"中有这样的描述："人形机器人的智能化设计、制造应当遵循人类价值观和伦理原则，不得危害人类的生命、尊严和自由。""应当持续优化人形机器人所用人工智能算法模型的透明度和可解释性，促进其决策和行为可被理解和有效管控。"

公众越来越关心人工智能对伦理与法律等问题的影响。如果你有兴趣研究人工智能技术或未来可能从事与人工智能相关的工作，那你的学习研究方向需要符合正确的科技发展价值观，以不损害人类社会的福祉为准则，要坚守人类社会法律和道德的底线。

思考题

1

　　如果你有一个机器人伙伴，你希望它凡事都同意你的想法和观点，还是跟你有不同的意见，有它自己的想法和观点呢？

2

　　机器人可以成为人类的好帮手，但也可能被人为操控去伤害人类。你觉得有哪些措施可以防止机器人伤害人类？

3

　　企业开发机器人的技术属于这个企业的核心机密，一般情况下是不会与他人分享的。但2024年发布的《人形机器人治理导则》中提到，"应当持续优化人形机器人所用人工智能算法模型的透明度和可解释性，促进其决策和行为可被理解和有效管控。"为什么人形机器人技术的算法模型需要对监管机构透明并可以被监管机构理解呢？

人工智能
会取代人类吗？

由于空间，宇宙便囊括了我并吞没了我，有如一个质点；由于思想，我却囊括了宇宙。

——[法国]布莱瑟·帕斯卡《人是一根会思考的芦苇》

人工智能的"思考"并非像人类那样具备意识、情感或主观体验，而是通过复杂的算法和大量的数据处理来模仿人类的学习和决策过程。

给人工智能灌输大量数据

我们学习英语可能会先背诵26个字母，再背诵单词，记忆语法；学习数学会先认识数字，学习公式和基本的公理和定理等。人工智能学习也是类似的，通过灌输和记忆大量的文本、图像、声音和传感器数据，人工智能慢慢形成了自己的知识库。

人工智能如何思考?

人工智能通过模拟人类大脑的神经元系统来思考。神经元,也叫作神经细胞,是人类大脑神经系统里的基本单位。你可以把它们想象成身体里的"火炬手",负责传递信息和命令。神经元是由树突、胞体和轴突组成的。轴突末梢有突触,与其他神经元的树突相连。树突和轴突是神经元的"小手"。树突用于接收来自其他神经元通过突触传递来的信息,传递给胞体进行计算;而轴突是将胞体计算好的数据通过突触传递给其他神经元的树突。人类的神经系统就是由这样千亿个神经元"手拉手"层层叠叠组成的。

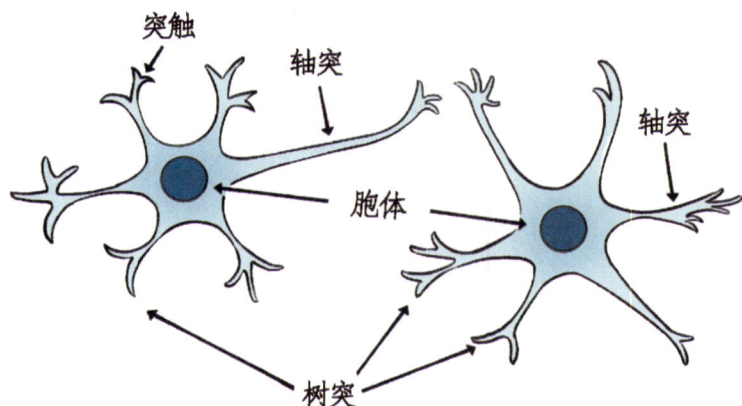

生物神经元示意图

人工智能模拟神经元系统,通过由输入、机器学习算法和输出构成的神经网络,实现对数据的分析和计算。输入层相当于神经元的树突,中间的算法层,也叫隐藏层,相当于神经元的胞体和轴突,输出层相当于轴突的突触。机器学习算法可以从数据中提取特征并构建中间层的算法模型,做出预测或决策。隐藏层可以有很多层,使得算法变得非常复杂。

比如,对于输入值n,建立一个隐藏层的算法:输出值 $Y_n=2_n$。这个神经网络模型建立好后,可以通过编程来实现这个计算模型。给该程序输入任何一个n取值然后运行程序计算,比如输入100,也就是n=100,那么经过神经网络程序计算,输出 $Y_n=200$,输入n=300,输出的 $Y_n=600$。

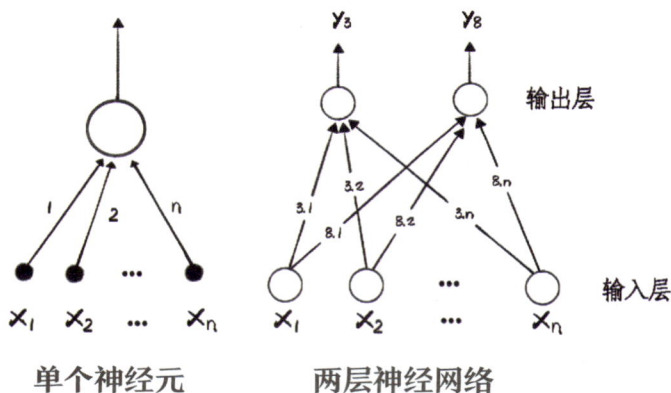

单个神经元　　两层神经网络

机器学习与深度学习

机器学习是泛指机器通过各种方法进行的学习,普通的机器学习会采用大数据统计和数据特征分析来进行学习。

深度学习是机器学习的子集，它更多的是使用多层神经网络和复杂算法，尤其是深度神经网络（DNN）来进行深度思考和复杂推理。深度学习模型可以自动从原始数据中学习到高层次的抽象表示，通常应用于复杂环境的大数据学习和决策判断中。比如，利用深度学习算法让机器人学会一些复杂的动作。

机器人通过搜集自己的肢体关节角度数据、传感器数据和摄像头数据，感知自己的状态和周围的环境信息。在机器人学习复杂动作的过程中，深度学习算法帮助机器人进行试错判断和行为调整，如移动四肢、调整关节的抓取力度、躯体变化方向和角度等。深度学习会从巨量的机器人感知数据和反馈数据中提取跟改进与策略最相关的信息，对机器人的动作学习给予正反馈或者负反馈，机器人在这些正负反馈中会强化对的动作，避免错误的动作。经过多次训练和调整，机器人最终能学会面对一个环境和要求时如何进行一个复杂动作。

实践训练和算法优化让人工智能更聪明

通过与环境互动，可以让人工智能系统学习如何采取行动，这类似于生物体通过试错来学习的过程。此外，人工智能还会使用梯度下降、随机梯度下降等优化算法来调整模型参数和最小化预测误差。什么是梯度下降呢？我们来举个例子。

在洗澡时我们需要调节冷热水的阀门得到一个适合的水温和水量。这个过程就可以看作是神经网络训练的过程。神经网络的输入为冷水和热水，冷热水的两个阀门开合大小就相当于权重，冷热水汇合的地方就相当于神经元的加权求和，最后从花洒出来的水就相当于两个输出：一个是水温，一个是水量。当水温远远低于我们希望的温度时，我们调节阀门的幅度就会变大，这就相当于梯度下降的权重更新。经过多轮权重调整后，洗澡水的温度和水量就会达到令我们舒适的状态。

人工智能还有一些增强型学习功能

根据人类的学习和思考特点，工程师们为人工智能的思考力增加了一些增强型学习功能，比如长短期记忆功能，使得人工智能能够处理时间序列数据，就像是和人类一样有了短期记忆和长期记忆。这就让人工智能在工作中能够根据需要检索属于这两部分记忆的数据库，而不需要每次都在原始的海量数据库里检索信息了。

这个功能适合哪些应用场景呢？比如，机器人客服可以使用短期记忆功能。当你某天问客服机器人一个问题，客服机器人会迅速检索最近几天你问过的问题和关心的事情，对你的问题做出回答，而不必浪费时间去检索它所有的知识储备库。网站的一些推送系统会用到长期记忆功能，它们会记录你日常消费产品的价格和类型，推测你的个人喜好，并将这些信息存储在系统中的长期记忆数据库。当你下一次搜索某类产品时，或者当这些软件检测到你即将有某方面需求时，比如你的生日快到了，想要买礼物，或者你想要出去旅游，需要买一些旅行装备等，这些软件会迅速检索关于你的长期记忆数据库，及时向你推送符合你需求的产品。

再比如，注意力机制允许人工智能系统在处理复杂输入时聚焦于最重要的部分，这类似于人类视觉和听觉系统中的注意力机制。比如当你开车时，眼睛主要观察汽车的正前方，还要注意观察后视镜、非机动车道上的行人等，同时你会根据路况调整你注意的核心区域，非核心区域你只用余光观察。人工智能系统也能通过算法优化实现这样的注意力机制，能在众多输入的信息中分析判断需要重点关注的核心信息。

人工智能可以"无中生有"

通过自我监督学习机制，人工智能可以分析已知信息，构造出一个创作模型，预测并创作图像的一部分或文本序列中的下一个词，用这个创作模型把一个残缺的作品还原完整。比如，人工智能看到一篇没写完的文章，或者一幅没画完的画，能根据你的需求，补齐缺少的部分，预测和呈现出完整的作品样貌。

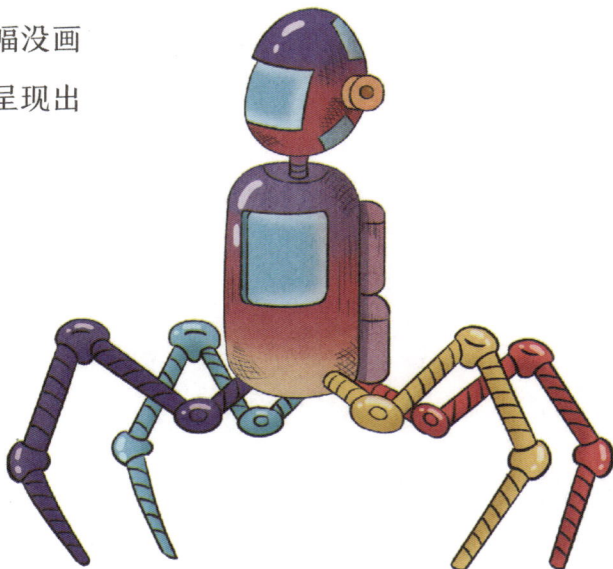

1 人工智能的学习方式和人类的学习方式有哪些相同点和不同点？

2 在日常生活中，你是否会使用人工智能来辅助你的学习？效果如何？

3 人工智能可以通过实践调整和优化自己的算法，你有没有通过实践活动来调整和优化你的学习方法呢？请举例说明。

4 设想一下，如果你拥有一位人工智能机器人老师，你期望它能完成哪些任务？你希望这位机器人老师拥有哪些特质和属性？

5 "因为人工智能可以快速记忆和搜索大量信息，计算能力也比人类笔算能力更强，所以人工智能比人类更善于思考。"你觉得这个说法对吗？为什么？

人工智能与人类智能有什么不同？

人工智能可以模拟人类脑神经元的思考模式进行学习和思考，但它本质上不是人脑。所以，人工智能和人类智能终究还是不一样的。那么，它们到底有哪些区别呢？

人工智能与人类智能有什么不同？

人工智能和人类智能的工作机制存在着根本性的差异，人工智能是基于计算的算法智能，人类智能是基于神经元信号传递和处理的智能。除了工作机制外，人工智能与人类智能在能力表现和工作适应性上还有一些差异，下表中总结了人工智能和人类智能的主要区别。

表　人工智能和人类智能的主要区别

表现类别	人工智能	人类智能
物理与生理基础	基于计算机硬件和软件算法进行思考和计算，能量消耗较高。	依赖于神经元之间的电化学信号传递来处理信息，能量消耗较低。
认知与学习能力	通过机器学习和神经网络进行学习和认知判读。随着技术的进步，人工智能的理解能力和逻辑推理等能力会逐步加强。	拥有灵活的、难以界定的学习能力，还能进行直觉推理、情感理解和道德判断。
情感与情绪	可以识别和模仿人类情感，自身并不真正体验情感，其"情感反应"是人类预先设定或机器分析计算后的结果。	拥有喜、怒、哀、乐等各种丰富的情感体验和情绪反应。
创造力与创新能力	在对现有数据进行规律和特性分析的基础上生成或重组，在深层意义的理解和独立思考的原创能力方面，还有待进一步加强。	凭借其卓越的联想、想象以及抽象思考能力，能够创作具有高度原创性的艺术作品、文学作品和科学理论。
社会性与伦理道德	通过设计，人工智能可以遵循一定的规则和伦理准则，但在复杂社会互动、伦理判断和个人特定情境的判断上，灵活性还需要加强。且人工智能行为的责任归属仍是一个尚未解决的问题。	具有复杂的社会交往能力和道德判断力，能够在不同的文化背景环境下理解社会，遵守社会规范和进行道德决策。
多变和复杂环境的适应性	在特定任务上表现出色，但当面临未曾见过的情境时，其表现往往大打折扣。人工智能的应变能力受限于其非实时更新的训练数据以及预先设定的算法设计。	不容易受预设条件的影响，更有主观能动性，能根据实际情况对当下环境和条件适时做出推理和判断。

人工智能与人类智能的差异会一直存在吗？

除了上页表中的主要差异外，人类智能在直觉、自主意识和复杂逻辑推理等方面同人工智能也存在着明显差异。随着技术的发展，人工智能可能会在某些方面逐渐接近人类智能，但两者之间的根本区别依然存在。

什么是人工智能体？

人工智能技术除了理论、方法和算法，还包括应用系统，这些应用系统就是人工智能体。人工智能体可以是软件系统，也可以是硬件系统。人工智能体有非常多的具体形式，比如人工智能软件、工厂里的物流机器人、人形机器人、智能网联汽车、机器狗等。

我们除了需要区分人工智能和人类智能之间的差异，还需要明白人工智能体和人体也是不同的存在形式。人工智能体和人体的外表不一样，内部构造也不一样。虽然现在已经有仿生机器人，但它们和人体的构造和本质还是有较大区别的。近年来，机器人得到了快速发展，在未来，他们将在社会生产劳动和生活服务中发挥不可限量的作用。

快速发展的机器人产业

机器人（robot）是能够通过编程或自主控制完成特定任务的机器或系统，具备一定的感知、决策和执行能力。它们可以模拟人类的思想和行为，也可以模拟其他生物。机器人有各种各样的外形，如有多条机械臂的生产线机器人，有负责安保和巡逻工作的四足机器人等。如果是模拟人类外观设计的实体机器人，我们通常会称之为"人形机器人"。

机器人的动作灵活性和稳定性在2024年获得显著进步。四足机器人可以实现行走、奔跑、跳跃等多种步态，且能在草地、沙地、雪地、楼梯等复杂地形中自如移动；双足人形机器人已经具备出色的动态平衡能力，能完成跑酷、上下楼梯和后空翻等复杂动作。

目前，自主活动机器人已经在工业、农业、物流业、制造业、安保行业和医疗行业得到部署，开始独立执行工作。比如，农业机器人可以在农田里独立完成种植、施肥和采摘等劳动；物流机器人可以在仓库中自行检索包裹和货物编码，完成搬运和移动工作……而人机协作类机器人也得到了越来越广泛的应用。比如，工业外骨骼机器人是一种可穿戴机器人，人类可以穿上这类机器人实施高强度工作，通过机械助力，降低劳动损伤和事故风险。手术机器人能够协助外科医生更精确、更安全地完成手术。比如，达·芬奇手术系统是美国一家公司研发生产的一套手术机器人系统，外科医生可以在这套系统的协助下，在狭小的操作空间中完成复杂的外科手术操作。

机器人行业进入高速发展期

2023年以来，蓄电池和能源技术的进步为机器人提供了更高效的动力供应，增强了机器人工作的续航能力；新材料技术使机器人在变得更加轻巧的同时，耐用性也得到显著提升；加上人工智能技术让机器人拥有更智能的大脑，机器人的研发和制造在最近几年进入高速发展期，甚至有不少行业人士把2025年称为"机器人爆发之年"。根据国际机器人联合会（IFR）2024年9月发布的《世界机器人报告》，中国是目前全球最大的工业机器人市场，年安装量占全球总量的51%。

机器人的快速部署和应用，说明机器人能胜任一些特定条件的工作，并能替代一部分的人类劳动。由此可见，人工智能虽然不能等同于人类智能，但并不意味着机器人就不如人类。那么，人类和人工智能相比有哪些优势和劣势呢？接下来我们将对人类的优点和弱点做进一步的分析。

思考题

1

人工智能最适合从事什么类型的劳动?

2

你使用过人工智能生成内容(AIGC)软件吗?请你拟尝试使用一款AIGC软件进行绘画,看看人工智能画出来的画符合你的要求吗?你觉得AIGC软件会替代画师吗?为什么?

3

为了让人工智能更好地适应环境,人们设计了环境自适应算法,比如无人驾驶汽车可以根据实时路况,改变驾驶方案。请了解这样的自适应算法和真人驾驶汽车相比,有哪些优点?又有哪些局限性?

4

在人机交互技术中,机器人通过各种传感器(如摄像头、麦克风、温度计等)来收集关于环境的数据。数据可以是图像、声音、温度、湿度等物理参数,也可以是从互联网或其他来源获取的信息。请了解机器人在与人沟通时是如何感知和察觉人的表情、心理和情绪变化的。

5

科技发展如此迅速,你觉得人类有什么职业在未来30年是肯定不会被人工智能取代的?

6

虽然人工智能和人类智能还有较大差距,但是在未来,不懈努力、勇于突破的人类是否能制造和训练出比自己更聪明的人工智能体?

虽然人工智能和人类智能有根本性的区别，然而，当人们看到一些关于人工智能技术重大突破的报道和评论时，还是不禁会害怕。那么，人们为什么会害怕呢？与人工智能相比，人类有哪些弱点呢？

人类的计算速度和记忆容量远不如人工智能

人类大脑计算数据的速度远远落后于人工智能。人工智能可以在瞬间处理大量数据，比如计算2的100次方是多少？人类不管是口算还是笔算，都需要大量的时间，而计算机可以在几秒钟内完成。

在记忆方面，人工智能可以快速存储海量信息和知识，且访问和检索速度更快；而人类需要通过长时间学习、背诵和记忆才能存储有限的信息，且还会有遗忘的烦恼。

人类行为会受自身情绪影响

在执行重复性任务时，人类容易感到疲劳，这可能会导致错误的发生。此外，人类执行任务时，还会受情绪等影响。人工智能则能保持一致的精确度和可靠性，它没有情感和情绪，不存在心理波动，能够不受上述因素干扰。

对自己不喜欢的工作，人类常常会偷懒、懈怠和拖延，同时，人类在工作、生活环境中处理人际关系时会产生内耗。但人工智能只是按指令完成工作，不会偷懒也不会发生人际关系内耗。

人类需要休息

人类需要休息和睡眠，长时间工作后效率会降低。人工智能能够不间断地工作，无须休息，并且不受时间的约束。人工智能可以同时处理多个任务，而人类在同时执行多项任务时，效率和质量都会明显下降。一旦部署，人工智能系统的运行成本相对固定，随着技术进步，其效率和能力还会升级。相比之下，人类劳动力的成本因地区、技能水平和个人需求的不同而有所差异。

人类需要舒适和安全的工作环境

在极端环境下，如高温、深海、太空或有辐射的区域，人类需要特殊保护才能生存，而人工智能设备可以在恶劣环境下正常运行工作。在高风险的任务中，如高空作业、灾难救援、军事行动或探索未知领域时，使用人工智能可以降低人类伤亡的风险。

鉴于人类的某些局限性，人工智能技术正被广泛应用于那些环境艰苦或存在危险的工作中，以减轻人类的体力劳动负担，降低工作中的安全风险。比如，勘探钻井、大型冶炼厂、大规模制造业车间装配、货运码头装卸等领域，以及需要长时间工作的运营岗位，例如24小时便利店的收银员、夜间公共交通的驾驶员和出租车驾驶员等。

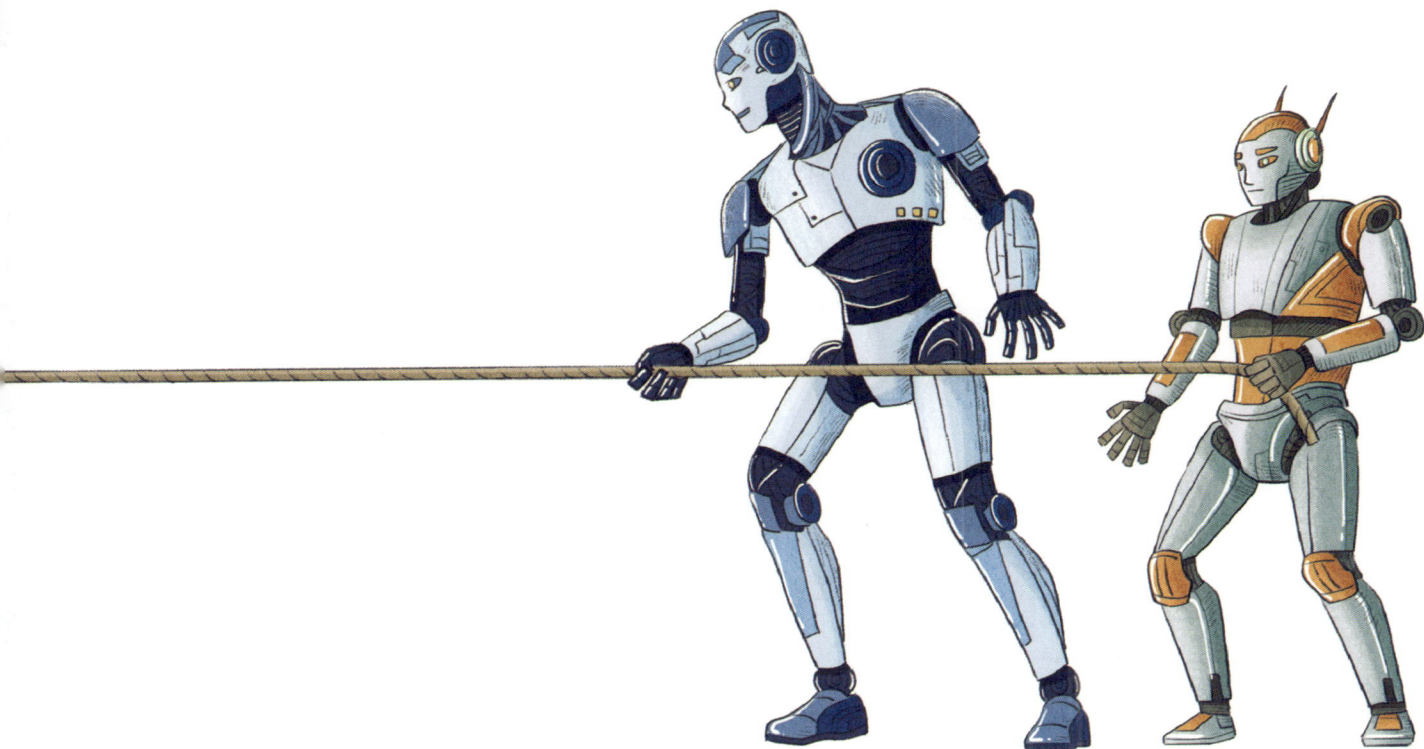

思考题

1

请你说出形容人在面对困难和挑战时仍然能勇敢向前的成语，如自强不息。

2

"不怨天，不尤人。"这句话出自哪里？是什么意思？你在遇到困难时，通常是如何解决的？

3

"人定胜天"这个成语的意思是通过人的智慧、勇气和努力，可以克服自然的限制，取得胜利。你觉得这个成语说得对吗？历史上有人类克服自然限制并取得胜利的例子吗？

4

孔子"十有五而志于学，三十而立，五十而知天命"，即五十岁知道人的能力有限，难以违抗天命。那么，为何他能在五十岁之后，招收越来越多的弟子和门徒，在七十岁以后达到了自己人生的巅峰？

5

懒惰和拖延是人们在工作、学习和生活中常见的情绪。为了更好地学到知识和技能，你有什么好方法来克服懒惰和拖延吗？

人类有哪些独特之处？

上一节我们分析了相较于人工智能，人类有哪些弱点，那么，人类又有哪些独特之处，能够让我们在某些方面比人工智能更有优势呢？面对人工智能的快速发展，我们能发挥哪些人类的独特优势，去应对未来与人工智能共生的时代？

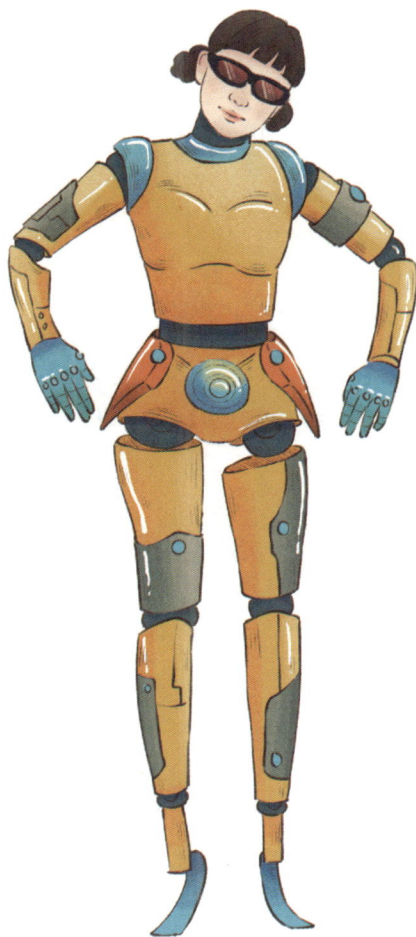

人类拥有人工智能难以取代的心灵感知力和同理心

尽管人工智能在模拟人类的五感去感知世界，但"人工智能之父"图灵指出，机器的行为始终缺乏真正的自由意志和主观体验。这句话明确指出机器很难具备人类的心灵感知能力。

通俗来讲，人类相较于机器的感知优势在于，我们能够直觉地知道某件事是正确的，然而，要通过算法让人工智能计算并判断出同样的正确性，却是一件难以实现的事情。人的心灵感知很难用语言进行精准的描述，甚至只能意会，不能言传。因此，机器很难替代人类的心灵去感知事物。

比如你喜欢一部电影，可能仅仅是因为你被电影中的某一小段情节打动。但机器很难设计一个算法模型来计算并判断你是否会喜欢这部电影。又比如，人工智能很难帮你去挑选朋友，你需要亲身去经历和体验后再自己做出决定。

人类拥有人工智能很难取代的想象力和创造力

根据前面章节内容的分析，人工智能和人类智能产生的机制有根本差异。人工智能是通过算法计算获得的智能，而人类智能是通过神经元的互联进行信息传递和处理得到的智能。这两种本质不同的工作机制，决定了人类的思考力和创造力是难以完全通过算法计算来实现的，因此，人类智能很难被人工智能完全取代。

近期，有不少科学家在研究如何让人工智能模拟人类神经元想象和创造时的信息处理模式，使其拥有类似人类的思考力和创造力。量子计算也被用于让人工智能更有效地模拟人类思考。目前，这些研究还处于初级阶段，距离实际应用还有一段距离。

人类拥有人工智能难以取代的表现力

尽管机器人努力模仿人类的面部表情，但它们的表情的生动性和感染力始终无法与真人相媲美。这是因为机器人缺乏人类所拥有的皮肤、肌肉组织和神经系统，导致它们在内在结构上与人类存在显著差异。因此，在展现面部表情、手指的灵活性以及肢体语言等方面，人工智能仍然难以达到人类的水平。

人类拥有自主性和灵活性

人类对于难以预测的未知环境拥有自主调节的机制和灵活性，意味着人类对新环境和新挑战展现出极强的适应力和举一反三的能力，甚至很多人能在信息不完整的情况下做出有逻辑的推理和合理决策。比如对于"你没事吧？"这句话的意思，人类可以通过分析不同的语境，说话人的语气，事件的前因后果等来判断这句话是什么意思，从而给予相应回应。而截至目前，人工智能在解决"一句多义"的问题时还有诸多局限性，并不那么智能。

人类擅长利用工具

人类的发展史告诉我们，相较于其他生物，人类在使用和改造工具方面拥有非凡的才能，这使得人类得以逐步壮大，并最终成为这个星球的主宰。现今，我们借助人工智能这一工具进一步提升生活质量，创造更加美好的未来。

虽然人工智能在模仿和优化工具使用方面也取得了显著进步，但它们缺乏人类的创造性和直觉。例如，人工智能可以设计出高效的工具，但它们无法像人类那样，通过直觉和经验去发现工具的新用途。

人类拥有千变万化的个人魅力

人类不仅在智力上相较于其他生物和机器拥有独特的优势，还展现出千变万化的人格魅力，比如有的人勇敢，有的人坚毅，有的人幽默，有的人冷峻等。可以说，世界上没有完全一模一样的两个人，每个人都有自己独特的品格和魅力。而人工智能体，通常依据算法被赋予各种人设，这与人类的人格魅力不能等同。

人类是万物之灵，是天地间非常独特的存在。人类应该善用自己的独特之处，创造属于自己的精彩世界。

思考题

1

你家里是否配备了家务机器人？你觉得家务机器人有哪些优点？又有哪些缺点？

2

有时我们会用"这个演员的表演看起来像AI"来评价视频里人物的表情和动作。你觉得"像AI"可以用哪些具体的形容词来描述？比如，表演有点儿生硬、动作有点儿诡异、眼神比较空洞等。

3

人工智能有潜力替代人类完成工作并创造社会财富，还能够成为你的机器人伙伴，为你提供一定的情绪价值。那么，你认为在未来，人类是否还需要外出工作和建立社交关系？为什么呢？

量子计算对人工智能有什么影响？

量子计算是一种利用量子力学原理构建量子比特以执行计算的前沿技术。在人工智能领域，量子计算之所以备受关注，在于，一方面它可以突破传统计算的算力瓶颈，实现超大规模的超快速运算；另一方面，它还可以在模拟人类思考和创造思维方面有不同于传统深度学习的表现。目前，量子计算还处于研发和商用样机展示阶段，量子计算机距离规模部署和商用还有一段时间。

人工智能技术对算力的需求持续增加

随着人工智能语言大模型和多模态模型的复杂度不断提升，以及对实时推理和决策的需求日益增长，需要处理的数据规模呈指数级扩大。然而，现有基于图灵架构的计算机算力资源相对稀缺，整个算力系统正面临着巨大的能耗和成本压力。

虽然DeepSeek公司发布的人工智能大模型通过改进算法实现了算力资源的优化利用，降低了一部分成本，但从长远来看，传统计算架构下的算力资源还难以满足整个社会人工智能技术全面发展的算力需求。

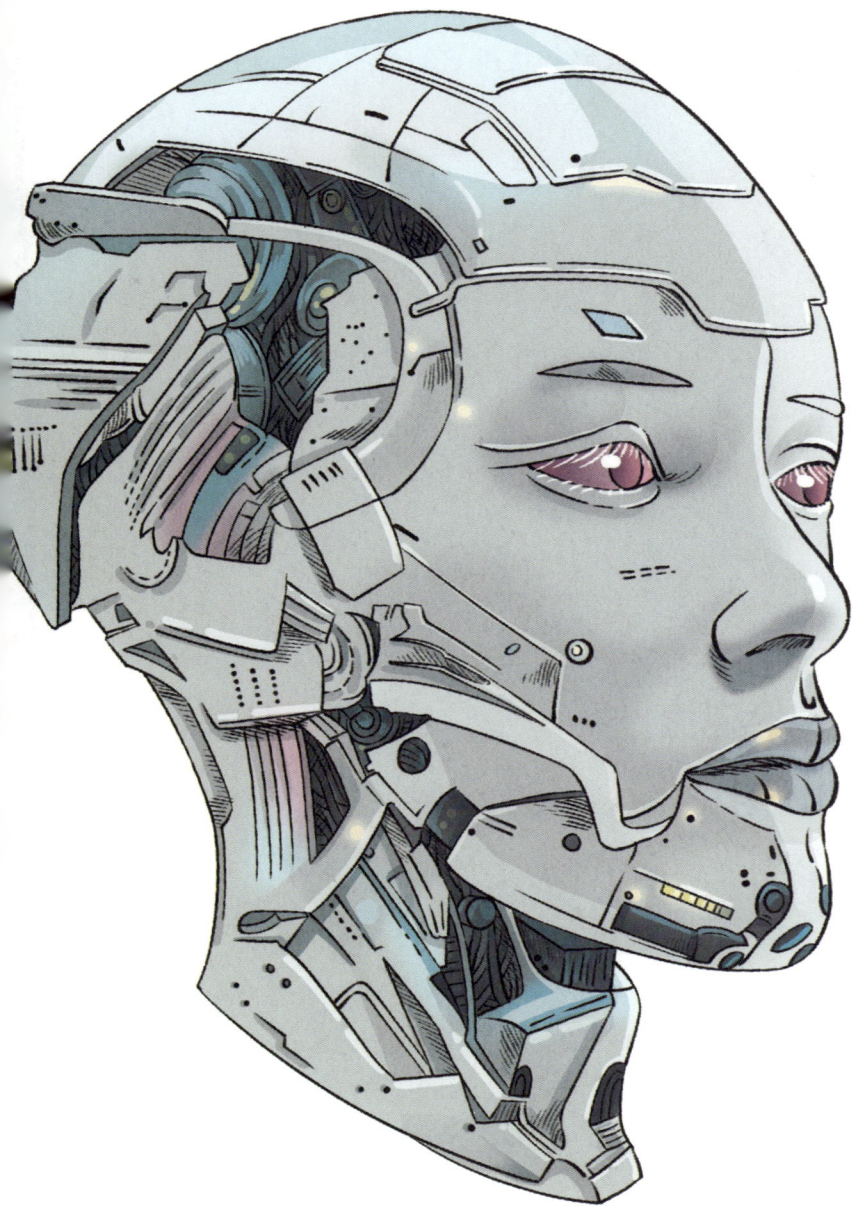

神奇的量子比特

图灵计算是基于0和1的比特计算，一个比特位只能有0和1两种状态，要表示大于两种状态的信息，就需要更多比特位。而量子计算中，一个量子比特可以被调制成很多种0和1的叠加态，也就是说，一个量子比特可以用多种状态表达更多的信息。如下图所示，图灵传统计算中，一个比特只能是0（红色箭头）或者1（绿色箭头）两个状态，而量子比特可以被调制成空间中的某个叠加态（蓝色箭头）。打个比方，图灵经典计算中，一个比特不是白色就是黑色的，而在量子计算中，一个量子比特可以是灰色的，而且可以调制成不同灰度的灰色，可以存储的信息量比非黑即白的经典比特更多。

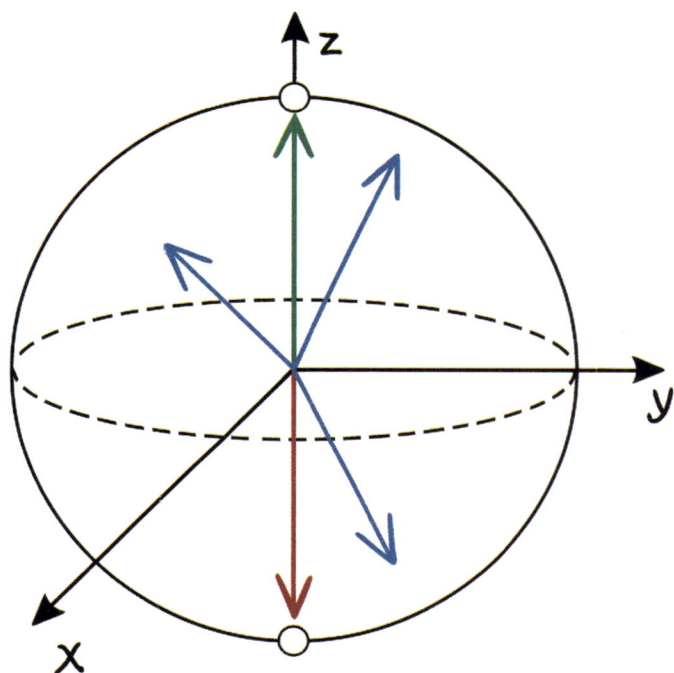

量子比特示意图

量子比特除了可以处于0和1的叠加态之外，还有纠缠的特性。量子纠缠指的是两个或多个量子之间存在一种特殊的关联，使得它们的状态无法被单独描述，必须作为一个整体来描述。这是一种神奇的特性，由爱因斯坦、波多尔斯基和薛定谔等多位科学家发现并理论化，最终通过实验得到证实。量子纠缠特性可以用于量子并行计算和量子比特纠错。

量子计算大幅加快人工智能的计算速度

图灵经典计算是串行进行的，也就是每比特数据进行逐位处理。而量子计算可以对多位量子比特进行并行处理。这意味着，在经典计算需要依次尝试各种可能性并逐一排除的情况下，量子计算可以同一时间分析所有的可能性，大幅缩短计算时间。

如果量子计算机能规模部署，意味着我们的人工智能瞬间就能完成搜索和计算任务，对问题的响应速度更快，分析识别和预测的准确性也会更高。

量子计算为人工智能发展提供无限可能

图灵在1936年发表了他的著名论文《论可计算数及其在判定问题上的应用》。在这篇论文中，他提出了不可计算理论，引入了图灵机的概念，还证明了存在一些问题是不可计算的。图灵认为，人类的心灵感知能力是人类独有的特性，无法完全通过图灵计算机程序来模拟。

然而，图灵计算机不能或很难计算的一些问题，量子计算却可以完成。并且，有科学家在研究用量子计算和量子神经网络模拟人类的创造力思考方式，试图让量子人工智能产生自己的创造力和想象力。

20世纪90年代，诺贝尔物理学奖获得者罗杰·彭罗斯首次提出，大脑中的量子计算可能是意识的源泉。他认为，经典物理学和计算理论无法完全解释人类意识的本质。人类意识可能与大脑中的量子过程有关，特别是微管中的量子计算。彭罗斯将量子物理学与神经科学结合起来，为理解人类意识提供了一个全新的视角。

量子计算的其他应用

量子计算可以快速进行大数分解，因此，量子计算机可以用来高效破解目前广泛使用的基于大整数分解和离散对数问题的公钥加密系统。这对量子计算机的计算能力有要求，目前的量子计算机只能进行几百位量子比特量级的计算，要破解公钥加密系统需要量子计算机能进行数千位量子比特的计算。

量子计算能更准确地模拟分子结构及反应过程，这可以加速新材料的开发和新药物的设计研发。例如，科学家通过使用量子计算精确模拟蛋白质折叠的过程，更好地理解疾病发病机理，加速配制和研发新药。有一些量子算法，如量子近似优化算法，能够快速找到问题的最优解，因此，特别适合用于物流路线规划和金融投资组合管理等场景。

量子计算面临的挑战

量子计算凭借其卓越的性能和巨大的发展潜力，吸引了全球大国和众多大型科技企业投入巨额资金和人力资源进行研究与开发。但量子比特非常容易受到环境干扰，稳定性欠佳；同时，量子门和其他量子器件对制造工艺的精密程度和高保真操作要求极高，在目前的技术水平下，要打造一个能精确操作量子比特的高精度设备是一件很困难的事情。量子计算机要达到成熟应用阶段，仍需要一段时间。

2024年12月，谷歌公司的量子芯片技术研究有了突破性进展，最新的谷歌量子芯片可以实现5分钟完成经典超算100亿兆年的计算量。尽管如此，从量子芯片的计算能力验证到制造出能够大规模部署的商业用途量子计算机，我们仍有许多工作需要完成。

思考题

1 　国际商用机器公司（IBM）于2019年推出的首台量子计算机，其尺寸为高2.74米、宽2.74米、厚1.27米。我国也有几家实验室发布过量子计算机样机模型，体积也都非常庞大。你知道为什么目前量子计算机的体形都如此庞大吗？

2 　量子力学中的叠加态和纠缠态特性，除了可用于量子计算外，还可以用于哪些领域？

目前，人工智能大模型和机器人技术飞速发展。在了解了人工智能与人类智能的差别，以及它们各自的优缺点之后，你认为人工智能会取代人类吗？这是最近一年来人们提出频率最高的问题之一。如果人工智能不能取代人类，为什么工厂里的工人会越来越少？如果人工智能会取代人类，我们现在努力学习还有什么意义呢？

从前面几节内容的分析中，我们可以知道：人工智能不能完全等同于人类智能，但可以替代人类从事一些工作。可以说，未来人类和人工智能的关系是共生的，是协同发展的。

人工智能的思考依赖于人类的设计

前面我们提到过，人工智能的"思考"是基于算法的，并非基于生物学或心理学的原理。人工智能系统需要人类设计者为其设定目标、挑选训练数据并优化算法，因此它的"思考"总是受限于人类的设计和指导。

人工智能还不能解决"停机问题"

人类的思考逻辑里有一个悖论。比如，有一位理发师说："我只给那些不给自己刮脸的人刮脸！"来找他刮脸的人络绎不绝，且都是那些不给自己刮脸的人。可是，有一天，这位理发师从镜子里看见自己的胡子长了，他本能地抓起了剃刀，这时他想起了他说过的那句话——"我只给那些不给自己刮脸的人刮脸！"那么你觉得他能不能给他自己刮脸呢？如果他不给自己刮脸，他就属于"不给自己刮脸的人"，他就可以给自己刮脸；而如果他给自己刮脸，他就不属于"不给自己刮脸的人"，他就不该给自己刮脸。

目前的计算机原理都是基于图灵的计算机理论设计的。计算机在进行算法思考时，同样会遇到与上述悖论相似的问题，这就是著名的"停机问题"。目前计算机还无法解决该问题。

停机问题是图灵在1936年提出的，它可以表述为：图灵机是否能在执行一个程序之前，预先判断该程序是否会停机，即程序运行后是否最终能够自行停止？还是会永远运行下去？

假设为了判断程序a是否会停机，人们设计了一个算法X。那么，X自己也是一个算法程序，X算法程序是否会停机又由谁来判断呢？如下图，蓝色框内是一个用于判断程序a是否能停机的X程

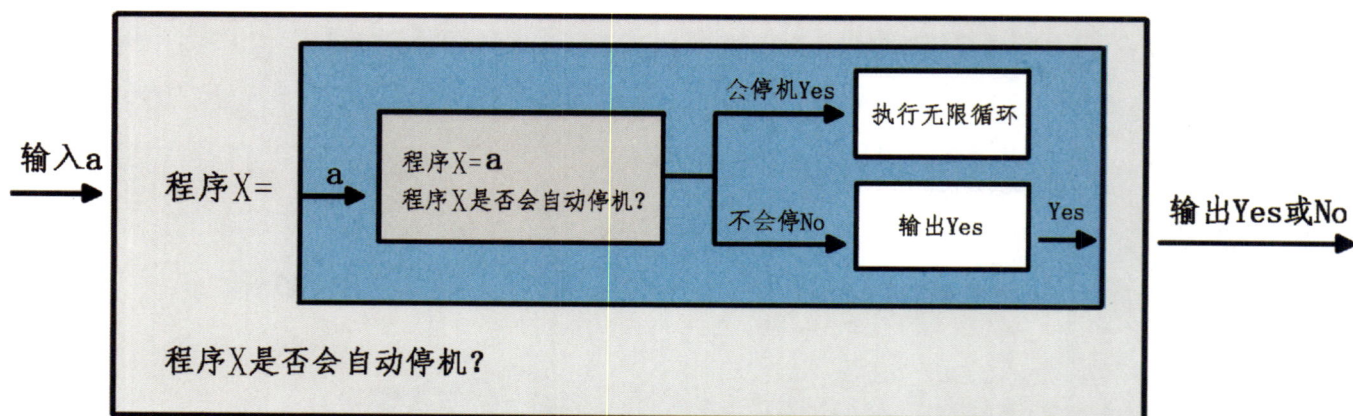

停机问题示意图

序的算法图，灰色框是当X判断X=a时，执行的结果是什么。如果算法X程序判断自己会停机，那么按照这个逻辑，既然程序会自行停机，那么它应当允许自己继续执行。然而，这将导致一个悖论，因为如果X继续运行，它就不会停机。如果X判断自己不会停机，那么会输出一个停机指令，让程序X停止运行，这样的话程序X又是会自己停机的，这就与X之前判断自己不会停机相矛盾了。因此，停机问题是计算机自己无法解决的悖论问题。

图灵证明了不存在一种通用的算法或方法能够解决所有程序的停机问题。也就是说，总有一些算法无法自我判断自己能否停机。图灵的这个结论是为了说明不是所有问题都可以通过算法编程来解决的，即不是所有事情都是可计算的。

人工智能的复杂逻辑推理能力还需要提高

从2024年一项针对市面上7个热门人工智能大模型开展的高考"语数外"测试可以看出，人工智能善于利用已知知识库的信息做文字解答，因此，语文和英语成绩较好，但数学成绩不太理想。这是因为，数学题的变化形式非常多，人工智能难以通过题库刷题进行解答。面对错综复杂的数学推理题和几何图形题，目前人工智能的解题能力仍需进一步提高。

这也说明，尽管人工智能在某些领域取得了显著进展，但其在数学等领域的局限性表明，人类的思考力、想象力和创造力等仍然是人工智能难以通过学习获得的。

表 人工智能大模型的高考语数外测试得分

语数外得分情况				
模 型	语 文 （满分150）	数 学 （满分150）	英 语 （满分120）	总 分 （满分420）
Qwen2-72B	124	70	109	303
GPT-4o	111.5	73	111.5	296
InternLM2-20B-WQX	112	75	108.5	295.5
Qwen2-57B	99.5	58	96.5	254
Yi-1.5-34B	97	29	104.5	230.5
GLM-4-9B	86	49	67	202
Mixtral 8x22B	77.5	21	86.5	185

人工智能越来越像个黑箱

比起担心人工智能是否会取代人类，更让人担心的是人工智能是否会伤害人类，或者人工智能是否会被一些别有用心的人加以利用来伤害他人。

人工智能系统的内部工作机制和决策流程对于外界观察者而言通常是不透明且难以理解的。深度学习模型包含成千上万甚至数百万个参数，这些参数之间的交互关系构成了一个复杂的网络，使得追踪每个决策点变得极其困难，以至于即使是模型的设计者也难以解释某个特定输出具体是如何得出的。因此，人工智能自己有可能会生成一些人类无法理解和预测的判断和决策，甚至超出了人类的控制范围。

在很多影视作品中，都设想了机器人和人类作战的场景。机器人通过自己的智能思考和判断，企图摆脱人类的控制，这样的场景在人工智能时代是完全有可能发生的。这再次说明了科学技术的应用应该有边界。如果人工智能算法模型缺乏透明度，黑箱模型可能会被应用于犯罪，特别是在金融、消费等高风险领域。因此，确保人工智能模型能够接受监管是至关重要的。好在，不少国家的立法机构也已经着手开展与人工智能技术应用相关的立法工作。

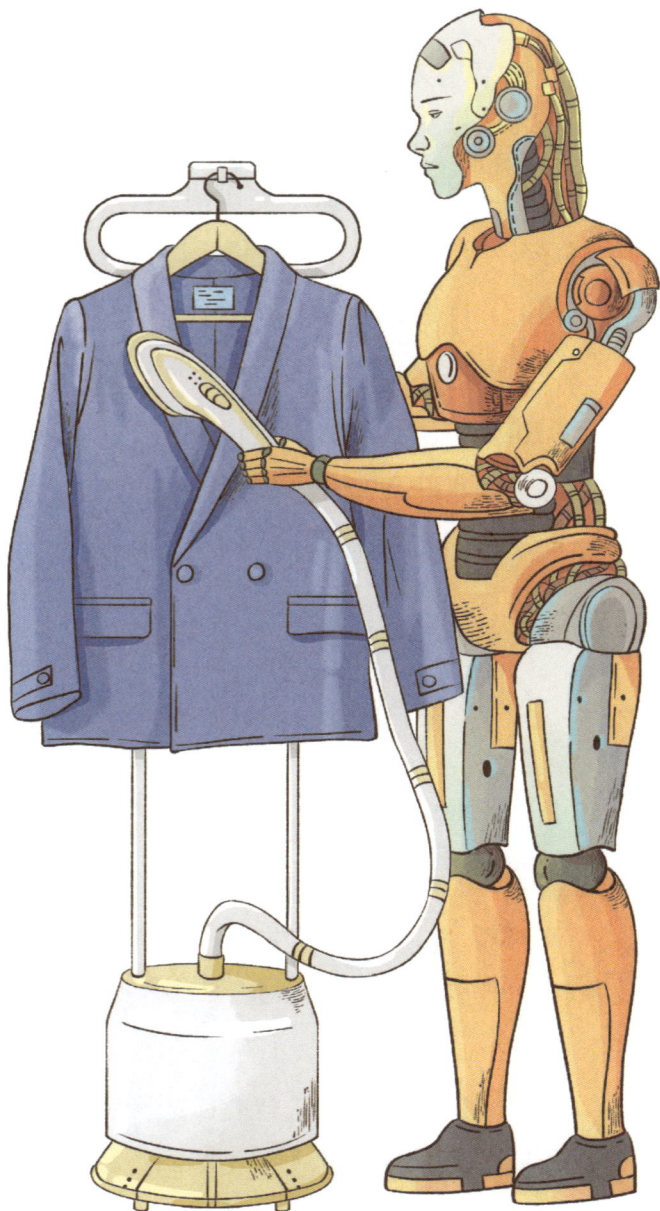

人类将与人工智能协同发展

未来人工智能在很多领域会成为人类的好伙伴。人类将与人工智能长期共生和协同发展。人工智能可以处理大量数据，辅助决策，提高工作效率，但它无法完全替代人类的创造力和情感智能。在艺术创作、情感交流和复杂决策中，人类的直觉和情感判断是不可或缺的。

思考题

1

你用过哪些人工智能应用？请你说说某款人工智能应用的优势与劣势。

2

你想不想要一位人工智能机器人好朋友？你希望这位机器人好朋友具备哪些特征和品质呢？

3

你觉得人类的哪些能力是人工智能无法通过学习获得的？

4

数字生命是一种新兴的生命形式，它借助计算机媒介得以创造，不依赖于传统的碳基生物分子，而是通过计算机代码和算法来模拟生命的各种现象和行为。你觉得一只数字生命狗和一只真正的狗有哪些区别？你更喜欢"养育"哪一种狗？为什么？

YES

NO

人类如何与人工智能共生？

人类是一件多么了不得的杰作！多么高贵的理性！多么伟大的力量！多么优美的仪表！多么文雅的举动！在行为上多么像一个天使！在智慧上多么像一个天神！宇宙的精华！万物的灵长！

——[英国]威廉·莎士比亚《哈姆雷特》

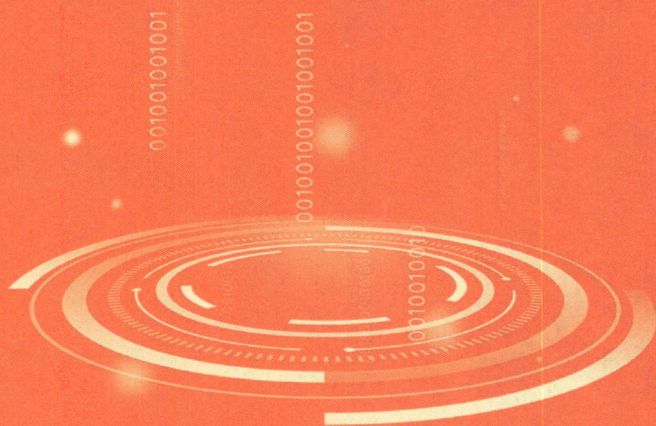

人工智能技术如潮水般快速涌入和影响人类生活，我们在关注技术发展动态的同时，要做好迎接人工智能技术以及与人工智能技术共生的准备。

首先，我们要有真伪防范意识和鉴别能力。现在社会上已经出现了不少利用人工智能技术模拟真人进行电话诈骗的案件。人工智能技术已经发展到能够在视频中完美模拟真人，达到以假乱真的程度。很多人还没来得及适应人工智能时代的生活，就已经被人工智能技术蒙骗了。我们必须培养辨别真伪的能力，以便在与人工智能技术共存的环境中，尽可能地避免受到伤害。

虚假信息在增多

在信息爆炸的移动互联网时代，虚假信息也在大幅增加，且越来越难以辨认。俗话说，"耳听为虚，眼见为实"，但如今，人类眼睛看到的就是世界真实的样子了吗？答案是"不一定"。

人类视觉的局限性

一个婴儿刚出生时看到的世界究竟是什么样的呢？如果新生儿会说话，他会告诉你世界是黑白色的。科学研究证明，婴儿能通过眼睛渐渐感受到光，看到眼前很近距离的物体，这个距离大概只有10～20厘米，并且新生儿看到的世界是黑白色的。随着月龄增加，婴儿慢慢感知色彩，视力也在逐渐发展，才能看清这个世界，直到五六岁视力和视觉功能才会同成年人基本一致。

那么成年人眼中看到的世界就是一样的吗？答案也是否定的。我们知道，在传统绘画中，红色、黄色、蓝色被称为三原色。这三种基本颜色不能被其他颜色混合调配出来，但是这三种颜色可以根据不同的比例混合调配出其他颜色。比如：红色+黄色=橙色，红色+蓝色=紫色，黄色+蓝色=绿色等。有些色弱的人可能无法清晰辨识各种颜色；而色盲的人则可能对三原色中的一个或多个颜色失去辨识能力。

眼睛作为人类观察世界最常用的器官，是存在一定局限性和被动性的。即便都是视力正常的人，看到的颜色也是有差异的。这也是常常有人围绕一个颜色究竟是绿色还是蓝色，是橙色还是红色争论不休的原因。

你知道如何判断一幅画是人工智能创作的还是真人绘制完成的吗？首先，我们需要了解，人工智能是通过分析海量绘画数据，从中提取典型特征和模式，对图像的元素、形状、颜色、配色风格和笔触特点进行学习，通过算法生成新的绘画作品。因此，人工智能的绘画风格会趋于雷同、细节模糊、缺少个性和独特的艺术风格，有时还会出现一些逻辑细节的明显错误，比如物体的遮挡关系、阴影的合理性、手指的排列和长短错误等。

而真人画师在绘画时，对于细节的笔触和线条描绘有自己个人的特点，对人物的面部表情、风景影像的明暗深浅变化和物体的质感把握更细致和具体，真人画作的优势是具备难以定义的个人创意和情感表达。

不过，随着人工智能技术的发展，软件的绘画能力越来越强。有时仅凭肉眼很难判断一幅画是人画的还是人工智能画的。这时，我们一方面需要谨慎向画作出处求证；另一方面，我们可以询问擅长此类绘画风格的画师，请他们从职业的角度判断；此外，我们还可以关注人工智能绘画软件的绘画能力进展情况，了解它们擅长绘画哪类作品，对比真人画作，结合自己的感受和分析进行综合判断。

怀疑精神不是猜忌

从前有个樵夫丢了斧子，他怀疑是邻居偷了自己的斧子。他每每看到邻居走路的姿势、表情，听他的言谈，都像是偷了斧子。但不久后，他去山里砍柴，找到了自己丢失的那把斧子，他现在再看邻居，怎么看都不像偷了斧子的人。樵夫在没有任何证据的情况下凭主观臆断邻居偷了自己的斧子，这是猜忌，不是怀疑精神。

怀疑精神是一种理性的、科学的思考方式，它要求我们寻求证据，并在此基础上进行合理的推理。首先，对于任何声明，要询问其依据是什么，是否有足够的证据支持。在缺乏充分证据的情况下，避免过早下结论或做出绝对的断言。其次，不盲从权威，鼓励个人对信息进行独立思考、分析和判断。此外，要对未来保持开放的心态，期待新证据和不同观点的出现，并愿意修正既有观点，而不是固守己见。

三人成虎和人云亦云

战国时魏国有个大臣叫庞葱，他要陪太子去赵国做人质。出发前，他对魏王说："有一个人说街上有老虎，大王相信吗？"魏王说不信。庞葱又问："如果两个人说街上有老虎呢？"魏王还是说不信，但觉着有些怀疑。庞葱继续问："如果三个人都说街上有老虎呢？"魏王说："那我就信了。"这就是"三人成虎"的故事。庞葱实际上是想借此提醒魏王，要明察秋毫，不要听信谗言。

假话被说上百遍千遍，就容易让人信以为真。我们在收集证据时，要注意分辨证据的真伪，确保收集的证据来源可信，不要人云亦云，即因为很多人都那么说，就相信某件事一定是真的。

认真查证，探索真相

在法律案件、学术研究，以及日常生活的决策过程中，证据都扮演着至关重要的角色。我们依赖证据来支撑或驳斥特定的观点或主张。只有以事实为依据，才能更接近真相。

很多学科的发展也是由证据推动的，比如说甲骨学。1899年，清朝官员王懿荣去药店抓药时发现了一种叫"龙骨"（龟甲）的中药上有很多符号，于是收购了很多龙骨进行研究，并发现了中国目前所发现的最古老的文字——甲骨文，将中国文字的历史推至商代。王懿荣的发现也标志着甲骨学这一新学科的诞生。

其实博物馆里展出的一件件文物都可以看作历史的证据。这些文物不仅承载着过去的信息，而且通过它们的物质形态和文化内涵，为我们提供了直接的视觉和触觉体验。例如，一件古代的陶器，其造型、纹饰和制作工艺，可以反映出当时社会的审美趣味、技术水平和人们的生活方式。通过对这些文物的科学分析和研究，考古学家能够重建历史场景，揭示历史发展的脉络。因此，博物馆中的文物是历史的见证，是帮助我们辨别历史真伪的重要证据。

要想探索真相，我们可以通过实地调查事件发生的地点，观察现场状况，收集到第一手的观察证据。同时，与当事人进行交流，这有助于深入了解他们的经历和观点。再通过查阅相关文件和记录，如书面报告、合同、电子邮件、备忘录、会议记录等，有助于还原事件的真实情况和细节。最后也可以咨询相关领域的专家，求助专业鉴定机构，获取专家意见和专业证据。

谨防诈骗

思考题

1

在证据出现冲突时如何判断呢？桌子上有本书被人拿走了，下面是屋内四个人的回答。

甲说："是乙拿的。"

乙说："是丁拿的。"

丙说："我没拿。"

丁说："乙在撒谎。"

只有一个人说了真话。你能根据现有线索判断出书是谁拿的吗？

2

查一查，当前机器视觉技术在人工智能领域是否能够完全取代人类视觉的功能？如果不能，哪些功能还需要改进？

3

请观察并研究，有视觉障碍的人是通过什么方式或者辅助工具来生活的呢？

4

在信息时代，网络上经常出现真假难辨的信息。我们有哪些可以防范电信诈骗的方式？比如，当你接到亲人打来的视频电话，告诉你他遇到困难，需要你紧急资助他，你该如何判断这段视频的真伪呢？

5

有句话说，"互联网上你看到的信息都是别人想让你看到的。"所以，有人说真相是遥不可及的。如果我们没有亲身经历，就不可能知道真相。你赞同这个观点吗？为什么？

候诊室

《连线》杂志创始主编凯文·凯利说："你暂时不会被AI替代，但会被擅长使用AI的人替代。"这是时下关于人类和人工智能技术的一种比较流行的观点。人类从远古时期开始，因为擅长使用工具和发明工具，变得越来越有智慧。如今，我们更要懂得擅用人工智能工具增强自己的能力，努力驾驭人工智能，为自己和社会创造更多价值。

人工智能工具使我们事半功倍

人工智能工具是各种各样可以帮助你提高效率的人工智能物件。我们的身边有很多随时可以利用的人工智能工具，比如帮助你管理时间的闹钟、定时器、打卡器和电子笔记本，又比如帮助你塑身的智能跳绳、智能体重秤和智能食谱等。

常常有人认为学习使用某件工具是一件麻烦事。然而，现今许多人工智能工具已被设计成易于掌握和使用的模式，让我们能够轻松学会操作。只要我们多尝试，多学习，循序渐进，就能培养出运用人工智能工具来思考和解决问题的良好习惯。

一些常用的人工智能学习工具

随着人工智能技术、互联网以及电子产品的普及，众多学习工具和应用软件应运而生，极大地丰富了学习资源。比如，数字学习平台、笔记工具、时间管理工具、语言学习工具、编程学习工具、多媒体学习工具、电子书与文献阅读器、实验和仿真工具、沟通与协作工具等。

发掘和找到适合自己的工具

如今，众多人工智能工具的设计变得更加人性化了，学习起来也很容易，各种教程资源也极为丰富。面对琳琅满目的人工智能工具，我们不妨多加尝试，发掘并找到那些真正适合自己的人工智能工具。

思考题

1

在你的日常学习生活中，你觉得哪些工具对你来说是最有用的？尝试了解一下它们是怎么被发明出来的，经过了哪些改进和演变。

2

据你所知，有哪些工具借助了人工智能技术？它们通过人工智能技术实现了哪些新的功能？

3

你在日常生活中是否见到过机器人？你觉得目前你所了解的机器人有哪些长处和不足之处？

4

"工具人"是指什么？怎样才能避免成为一个工具人？

5

你觉得人工智能技术的发展，给你的个人成长带来的挑战更多，还是机会更多？为什么？

打破思维定势 第15节

人类要想在与人工智能共生的环境中处于优势和主导地位，必须懂得改变我们的思维方式。只有当我们比人工智能更擅长思考，我们才能创造出更优秀的人工智能来为我们服务，并且持续维护我们的生存环境和社会秩序。那么，具备哪些思维方式才能更适应与人工智能共生的时代要求呢？

思维方式的跃升

人工智能是依据人类需求设定的算法，通过训练而产生的智能系统，其思考过程遵循预设的算法，具有可追溯的逻辑性；而人类的思考方式是开放的、发散的和不受限制的。运用批判性思维审视既定的观点和说法，打破固有的思维模式，有助于我们超越人工智能的思考范畴，实现思维的飞跃。

打破思维定势

下图是某个美国学者曾做过的一个实验。在一个瓶子里放6只蜜蜂和6只苍蝇，将瓶底朝向有光的地方，然后观察蜜蜂和苍蝇的反应。你觉得苍蝇和蜜蜂最后谁能飞出去呢？蜜蜂认准了有光的地方就是出口，不停撞向瓶底；而苍蝇则向各个方向飞，最终飞出了瓶子。仔细想想我们是不是有时候也像蜜蜂一样，习惯性地认准了一套固定的方式思考问题，而错过了其他的解决办法呢？

人在刚来到这个世界时都像一张白纸，但随着我们成长过程中知识、经验的积累，每个人都会形成一套相对固定的思维方式，也就是所谓的思维定势。思维定势能够让我们循规蹈矩、快速解决一些常见的问题，但也常常会限制我们的创造力，束缚我们的思考力。在人工智能技术快速发展的阶段，很多传统的技术和模式都会被颠覆。因此，我们需要具备打破常规的理念，不受过往经验束缚来思考新问题。

打破思维定势曾经帮助日本东芝电气公司渡过难关。20世纪50年代，电风扇是东芝公司的主打产品，但在激烈的市场竞争中，东芝公司的电风扇销量急剧下滑。怎样提升销量成了公司亟需解决的问题。一位小职员提出了一个建议，他认为当时市面上销售的电风扇都是黑色的，那不妨生产一些彩色的电风扇试试。公司采纳了这一建议，第二年夏天，东芝的彩色电风扇上市，短短数月就卖出了几十万台，最终帮公司渡过了难关。改变电风扇的颜色并不会影响它的功能，但却能满足不同消费者对色彩的偏好。东芝敢于打破"电风扇都是黑色的"这一思维定势，成为第一个"吃螃蟹"的企业。

来思考一道"九点连线"的经典数学题。你能用四条直线将下面规则排列的九个点连起来吗？

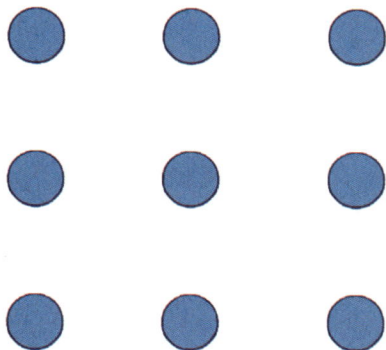

可能很多人会误以为我们的画纸就只有图上9个点的范围这么大，其实出题者压根没有限定纸的大小，是我们自己给自己设了限定条件。所以，有时候我们要突破的不是外界给你设定的限制，而是你自己思维定势中的这道高墙。

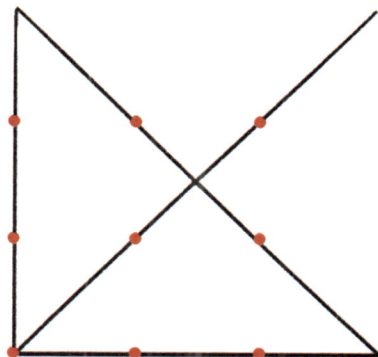

俗话说："条条大路通罗马。""上帝为你关上一扇门，就会为你打开一扇窗。"这些俗语不仅是想鼓励我们人生没有绝境，更说明解决问题的方法常常不止一种，我们需要转变思维方式和实现路径，以达成目标。

"另辟蹊径"这一成语中的"辟"字意为开辟，"蹊径"则指小路或途径。整个成语形象地表达了在面对问题或挑战时，不拘泥于传统方法或常规思路，而是勇于尝试新的、不同的路径或方法，以期解决问题并达到更好的效果。

批判性思维

批判性思维不是一味地批评和反对，而是一种有理有据地分析、推测、判断和决策的思考过程。简单说来，批判性思维经常需要思考这样的问题：为什么这样做是对的？如果不这样做会产生什么后果？可以用其他的方式来解决吗？有没有替代方案？等等。

据说，英国科学家牛顿通过观察苹果落地这么一个看似寻常的事情，而想到苹果为什么不是朝天上飞，也不是往旁边落，而是垂直掉落在地面上的呢？经过一步步假设猜想、推理验证等过程，牛顿发现了"万有引力定律"。这个定律简单来讲就是任何物体之间都存在吸引力，质量越大，引力越大，距离越远，引力越小。地球质量极为庞大，因此对地球表面的物体产生了巨大的引力，使得苹果向地面坠落。

在盲人摸象的故事中，有的人摸到的是象腿，有的人摸到的是象尾巴，有的人摸到的是象鼻子，任何人的猜想都有可能接近问题的真相，但我们要通过知识武装头脑去论证每个人提出的想法。

从批判性思维的视角出发，我们并不盲目评判各方观点的正确与否，而是深入分析对话双方的论证逻辑。逻辑，是指研究思维形式及其规律的科学。我们经常指责他人言辞缺乏合理性，当我们掌握批判性思维，增强自己论述的逻辑性，并从对方的立场出发进行思考和论证时，我们的话语将更具说服力。

多人讨论和头脑风暴

庄子与惠子正是在一问一答中对于"鱼之乐"进行了进一步争论与思考的。陆游说过："山重水复疑无路，柳暗花明又一村。"当遇到困难，我们可以尝试通过同他人讨论，来一场头脑风暴，获得新知识，找到新的灵感和突破口。中国古代的孔子、孟子和古希腊哲学家苏格拉底，都非常善于在与他人的辩论中思考和探索智慧。

换个思考环境

有时我们的想法可能受到周围环境的影响，我们可以换个环境，例如去不同的地方旅行、参加不同的活动、接触不同的人群，说不定会有新的灵感。你看"杂交水稻之父"袁隆平先生和伟大的科学家爱因斯坦还经常在繁忙的研究工作之余拉拉小提琴，换换脑呢！

思考题

1

有一些小游戏正是利用了人们的思维定势设计的。比如猜读音问题：来字加三点水读音还念"lái"，胡字加三点水读音还念"hú"，那么去字加三点水还念"qù"吗？请你参考这个模式，利用人们的思维定势设计一个小游戏。

2

亚里士多德认为重的物体下落速度比质量轻的物体下落速度快。生活中我们的确能看到大石头下落速度比羽毛下落速度快，所以亚里士多德的这个说法是正确的吗？

3

有一个基本的几何原理，叫作两点之间直线距离是最短的。但在导航软件中，人工智能推荐的最优路径往往不是距离最短的。请你调研一下，影响人工智能判断最优路径的因素除了距离外，还有哪些？

4

在人类科技进步的进程中，打破思维定势发挥了重要作用。在早期的火箭设计中，为了让火箭拥有更强的动力飞上更高的天空，科学家一开始想的是如何才能造出有更强动力的大体积火箭。但之后，科学家们突破了传统思维，运用分级推进原理，让火箭在飞行过程中逐步抛弃非必需的部件，减轻自身质量，从而大大提升了火箭推进的效率。这是一种通过做减法来获得做加法效果的例子。你能举出其他类似的案例吗？

跨学科思维

什么是跨学科思维？

跨学科思维（Interdisciplinary Thinking）是将不同学科领域的知识、理论和方法融合在一起，以解决复杂问题或产生创新思想的思维方式。它超越了单一学科的界限，强调从多个角度来理解问题，以促进对问题更全面和深入的理解。

为什么我们需要跨学科思维？

最初，人们的学习是没有学科界限的。随着人类社会的进步，知识和智慧的积累日益丰富，为了构建一个可行的教学和考试体系，人们采取了分科教学的方法。然而，随着科学技术的不断进步，现实世界中的问题变得越来越复杂，需要综合运用多学科知识来解决。人工智能技术和应用是基于跨学科知识来解决各种复杂的综合性问题。在人工智能时代，跨学科思维是必备的思维方式。

怎样从跨学科思维角度思考问题？

跨学科思维最典型的特征是以思考如何综合运用各学科知识解决问题为导向，而不局限于在某一学科领域里去解题。你可以经常从以下这些角度思考问题，有意识地训练自己的思考方式。

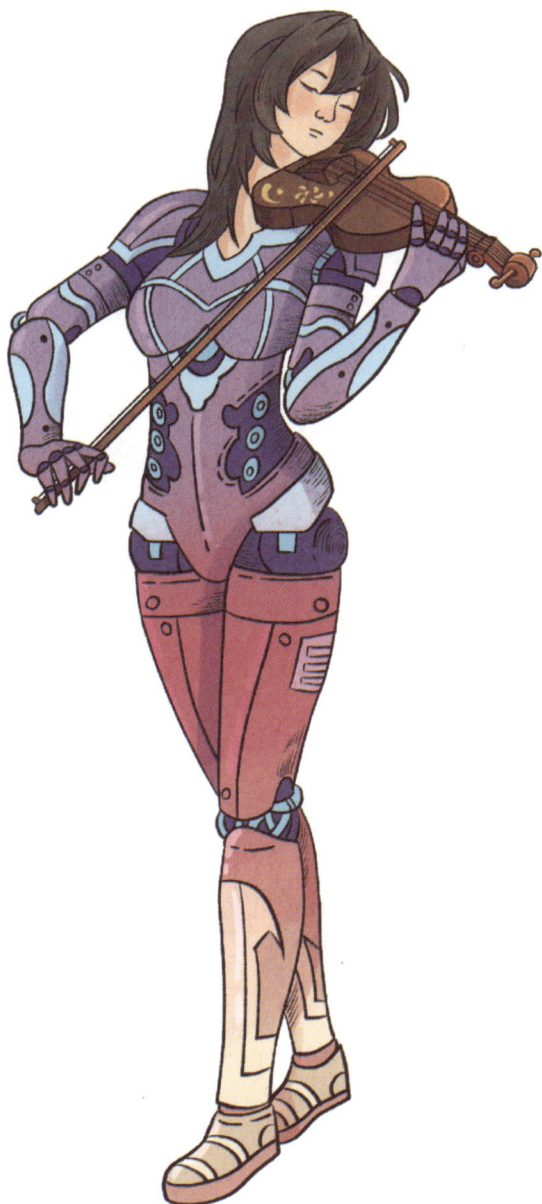

1 解决问题导向

遇到问题时，应思考和了解这个问题是什么时候开始产生的？有哪些原因会导致问题发生？过去有哪些解决方案？目前研究进展如何的？等等。而不是遇到问题先思考这是数学问题还是物理问题？这是生物问题还是化学问题？等等。

2 应用导向

在学习某个知识时，会思考如何将该知识应用到实际生活中去解决问题，或想象一下可以有怎样的应用场景。比如，在学习了数学中的勾股定理后，想一想我们可以用勾股定理解决哪些实际问题，而不是理解勾股定理后只想着如何做好试卷上的勾股定理计算题即可。

3 通用导向

你是否经常会思考如何设计一种通用的方法来满足不同场景的应用需要？例如，有没有可能设计出一款多功能餐具，既能吃西餐的时候用，又能吃中餐的时候用？是否可以设计一套班干部选拔机制，既让那些有意愿的学生都有机会参与领导实践，又能使当选者获得全班同学的支持与信任？

跨学科思维在各行各业发挥重要作用

跨学科思维在教育、政策制定、艺术创作等多个领域发挥着至关重要的作用。例如，在医学研究领域，生物医学、心理学、社会学与公共卫生学的融合，使我们能够更深入地理解疾病的发生机制和发展过程，进而制定出更为有效的预防和治疗策略。在环境科学领域，地理学、化学、生物学与经济学的交叉融合，有助于解决全球气候变化、自然资源管理以及生态系统保护等复杂问题。在教育领域，心理学、社会学、神经科学与教育学的结合，促进了教学方法和课程设计的优化。

跨学科思维推动人工智能技术与各学科的融合

深度学习技术作为人工智能技术的一个分支，是将生物学原理与数学理论相结合的跨学科领域。例如，可以将深度学习技术应用于基因检测和医学治疗，可以利用人工智能技术优化市场营销策略。

由此可见，跨学科思维加速了人工智能技术的应用和各行各业的产业升级，适应了社会进步的发展要求。因此，我们更要培养跨学科思维能力，把学到的不同学科知识和技能灵活应用到解决实际问题中去。

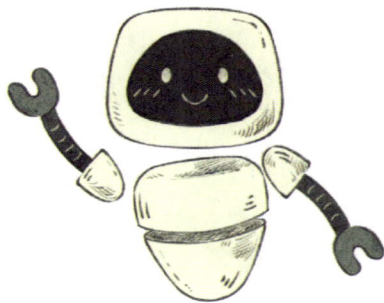

思考题

1

    请你了解气象局是如何进行天气预报的，以及发现这其中需要用到哪些学科的知识？

2

    目前，一些学校开设了一门综合性的科学课程，该课程融合了数学、物理、生物、化学以及地理等多学科的知识。你能设计一节跨学科课程吗？主题是什么？课程内容主要包含哪些方面？

3

    了解一下无人驾驶汽车等研发需要融合哪些学科的知识和技术。

第17节 建立新的评价标准

在人工智能时代，人们的学习方式、工作模式、职业发展路径以及休闲娱乐和生活方式，都呈现出日益丰富的多样性和快速变化的特性。这是一个充满挑战和机遇的时代。传统单一的评价体系会面临调整甚至被颠覆。我们必须建立一种多元化的评价标准，以避免被单一的评价体系所限制。

三位运动员参加1分钟跳绳比赛，每人可以跳5次，成绩记录如下表所示：

表 跳绳成绩统计

运动员	第1次跳绳个数	第2次跳绳个数	第3次跳绳个数	第4次跳绳个数	第5次跳绳个数	平均个数	最高个数
A	200	224	210	215	230	215.8	230
B	180	235	190	195	203	200.6	235
C	210	212	216	214	209	212.2	216

你认为谁的实力最强？

A跳绳的平均个数最多；B创下了235个的最高纪录；尽管C的平均跳绳个数并非最多，也未创下最高纪录，但他的成绩展现出了极高的稳定性，波动幅度最小。A、B、C三位运动员，谁的跳绳实力最强呢？

这个问题的答案并不唯一。有人觉得能创造最高纪录的人实力最强，也就是B，因为他挑战了人体能力的极限；有人认为发挥最稳定的选手实力最强，也就是C，因为这样的人在比赛中心理素质好，不容易失误；还有人认为平均个数最多的实力最强，也就是A，因为多次成绩取平均值后他是第一名，说明A即使偶尔没有发挥好也没有影响平均成绩排名。那么你最认同哪一种说法呢？

换一个角度思考问题

人工智能之所以能取代一部分的人类工作，是因为按照现有的工作绩效评价标准，人工智能比人类的绩效表现更好。如果在另外一个工作环境和生产环境，用另外一套评价标准来衡量，人工智能不一定就比人类表现得更优异。比如，人工智能机器人可以替代工厂的操作工人，但还无法替代医院的护工，因为它们还不能熟练帮助病人翻身、擦洗和照顾病人的饮食起居，它们在帮助病人进行康复护理、心理疏导和沟通协调等方面的表现也难以媲美人类。

苏轼说："横看成岭侧成峰，远近高低各不同。"从不同角度我们可以看到不同的风景。站在不同的位置，我们思考问题的角度也不一样。比如，在考虑如何解决交通拥堵这个问题时，站在驾驶员的角度，他们希望调整红绿灯间隔时长以及拓宽道路等；站在路政管理部门的角度，会提出车牌号限行，限制车辆牌照发放等措施；站在环保部门的角度，会鼓励人们多采用公共交通方式出行，限制燃油车牌照数量等。

人类感知的差异性

一群好朋友聚餐一起吃羊肉，有人称赞道："这羊肉真好吃，没有一点儿膻味。"有人说："这羊肉不正宗啊，吃不出羊肉的膻味啊！"在你看来，这羊肉究竟是好吃还是不好吃呢？人类感知的差异性，让人们对一件事情的判断有不一样的前提和标准。因此，我们在面对他人总结的知识和观点时，需要选择性地加以判断。

建立新的评价标准和评价体系

要做到与人工智能和谐共存，我们必须超越现有对职业和工作的评价体系和评价标准，创造新的评价体系，设定新的评价标准，以利于发挥人类的独特优势。

无人驾驶汽车可能开始逐渐取代出租车司机的工作，因为从驾驶效率和成本效益的角度来看，无人驾驶汽车的综合成本和性能表现均优于传统有人驾驶出租车。但从提供服务的评价体系看，出租车司机比无人驾驶汽车更有优势，因为出租车司机不仅可以开车，还可以帮乘客提行李，帮助老年人和行动不便者上下车，行驶过程中发生任何突发状况可以为乘客提供紧急救援等，这些都是目前的人工智能实现不了的。

要想"建立新的体系和标准"，其实就是既要有整体规划的大目标，又能拆解成具体可操作的步骤。这个大目标，可能起源于一个新想法的产生，也可能只是一个与众不同的设计理念、一种独特的审美视角等。

2023年全年，我国共授权了364.9万件专利。在消费市场上，每天都有各种新品推出，新的设计、创意以及推广方式层出不穷，令人目不暇接。

我们可以建立新的标准，但一个标准之所以能成为标准，是因为能被一群人认可和接受，具有一定的普遍推广价值。虽然这看上去是件很困难的事情，但这个世界是如此多元，人们的需求是如此丰富，审美是如此千差万别，机会永远存在。

如果你心中已经有了这样一副愿景，请你开始制订你的实现计划，并从身边力所能及的小事做起。也许是创作一张风格迥异的画作，一篇视角独特的论述文章，甚至是对一道题的特别的解题方法，这些都能是你开辟个人风格和新体系的起点。

思考题

1
天空是什么颜色的？有人说天空是蓝色的，有人说天空是灰色的，还有人说天空是黑色的。你觉得天空是什么颜色的？为什么？

2
考试分数高的人就是优秀的人吗？你觉得一个优秀的人可以有哪些评价标准？

3
比较微软公司的Windows操作系统和苹果公司的macOS操作系统，你觉得这两个操作系统各有什么优势和劣势？

4
有人工作很辛苦，每天早出晚归，双休日有时还需要加班，但他说自己很幸福；有人每天有很多自己的时间，不需要早出晚归上班，却说自己的生活很无聊没有幸福感。请简单描述你心目中的幸福生活是怎样的。

比人工智能更适应快速变化的世界

人工智能技术的迅猛发展，让我们切身感受到技术变革的节奏显著加快了。知识和技术的不断更新迭代，以及行业和职业热点的快速转换，为我们提供了很多机遇，也带来了很多挑战。作为青少年，在人工智能时代，我们既要乐观积极地面对，更要做好迎接挑战的准备。这需要我们比人工智能更具有前瞻性，通过判断趋势及时调整当下的行为和策略，以适应这个瞬息万变的世界。

判断趋势需要我们博闻强识

趋势是指在一定时间内，事物或现象发展变化的方向和规律。判断趋势是综合已知的各种信息，在分析判断的基础上，对还没有看到和发生的未来做出预测判断。比如天空乌云密布，天色越来越黑，闪电越来越密集，雨点由稀疏渐渐变得稠密，雨滴越来越大，那么我们可以根据这些变化，判断大概过多久会下一场大雨。

现如今，很多人会发表关于各种趋势预测的观点，其目的各不相同。我们不仅需要运用趋势思维进行自我预测，还必须能够评估他人所提出的趋势观点究竟具有多少参考价值。这需要我们了解和掌握比较充分的背景信息，博闻强识。首先我们需要了解事件发生的过往历史和最新，同时，搜集如来自行业报告、学术研究、新闻报道、社交媒体等渠道的各种信息，综合行业专家的观点，得出一个基本的判断。

比如，判断人工智能技术会对我们的就业和择业产生什么样的影响，我们可以先了解历史上工业革命和互联网技术对当时人们就业的影响是怎样的？当今最新的人工智能技术主要影响了哪些行业的就业？国家政策对人工智能技术的发展态度是怎样的？人力资源机构的建议如何？行业专家的评价是如何？基于种种信息，再结合自身的职业发展规划，来指导自己的就业和择业。

人工智能技术对我们学习的知识和技能有什么影响？

科学和技术的进步是趋势形成的重要推动力。新的技术发明不仅会带来新的职业和工作岗位，还会改变学校的教材内容、学习方式和考核方式。例如，人工智能、大数据、云计算等新兴技术的发展，会产生越来越多的交叉学科、数理和逻辑编程要求。因此，我们在未来的课程学习和考核中，会加入越来越多的跨学科案例题型和逻辑推理的内容。

人工智能时代要求我们慎重选择专业和就业方向

对学生而言，在人工智能时代可能会思考一些与未来趋势变化相关的问题，比如，在目前的学科和专业分类下，我们考大学时，该选择什么专业才更适合未来社会的发展趋势？在语数外之外的其他课程上，我们该如何合理分配时间，学习哪些课程和技能，才能更好地适应社会对人才的需求？

人工智能技术改变了社会上的一些职业分工和就业机会，影响了大学的专业设置，从而也会影响学生的专业选择和择业规划。我们需要重新审视当下的专业选择是否符合未来社会的发展趋势，是否能在人工智能时代有稳定的发展前景。比如，随着人口老龄化的加剧，健康养老产业将成为新的增长点；而年轻一代消费习惯的变化，则可能推动新零售等行业的快速发展。

密切关注趋势的变化

趋势不是一成不变的。影响事物发展趋势的因素有科技革命、重要政策发布、世界环境改变等。趋势甚至会在非常短的时间内发生重大转变，比如大学一些专业的撤并、考试科目要求的改变等。

在趋势转变之前，实际上已经出现了一些现象和苗头，但这些可能并未引起我们的足够重视，从而导致我们对趋势变化的预测不够及时。因此，培养敏锐的观察力和分析能力，以及对新信息的快速反应能力，是适应这个快速变化世界的关键。

思考题

1

有人喜欢稳定、舒适的环境，而有人喜欢变化、探索新奇事物。在学习生活中，你希望哪些事物是稳定的，保持一成不变的，希望哪些事物是常变常新的？

2

A同学每天练习跳绳15分钟，B同学一周仅在周六周日两天练习跳绳30分钟。依照这样的练习趋势，经过一段时间的观察，你认为在一般情况下，哪位同学的跳绳技巧会更为出色？为什么？

3

2024年，中国开放了针对多个国家的单方面免签政策；与此同时，外语翻译软件和同声传译软件也越来越普遍，让很多外语不太好的人在海外旅游时能畅行无阻。根据这些现象，请你尝试判断，对我们而言，英语学习是越来越重要，还是越来越不重要？

人工智能具备极为强大的学习能力，能够迅速存储和学习人类已有的知识与经验。人类要在与人工智能共生的环境中生存和发展，不仅要掌握最新的知识和技能，还需要具备创造新的知识、技能的智慧。只有比人工智能更擅长发现新事物、创造新方法，人类才能掌握主动权，引领技术和时代的发展。

什么是创新能力？

创新能力包含创新思维和应用能力。创新思维是一种思维方式，它强调以新颖、独特的方法来解决问题和创造价值。应用能力不仅仅是产生新想法的能力，更重要的是将这些想法转化为实际应用和解决方案的过程，比如开辟一种新的应用场景，制造一个新的消费需求等。

未来社会需要大量创新型人才

创新思维在各个领域都至关重要，它贯穿于科学研究、工程技术、艺术创作、商业管理乃至日常生活中，能够激发新的可能性，推动社会不断发展。随着人工智能技术的迅猛发展，我国各行各业对创新型人才的需求日益增长。

擅长学习 ≠ 擅长创新

学习是指通过阅读、听讲、研究、实践等手段获得知识或技能的过程。创新是指创造新的事物或方法，或者对现有的事物或方法进行改进，使其具有新的特点或功能。

擅长学习不等于擅长创新。学习主要是对已知信息的吸收和应用，而创新强调突破和变革，需要我们具备批判和突破的思维方式，善于联想、类比和运用逆向思维，能够从不同角度看待问题。

在青少年成长时期，我们有时过多地关注学习已有知识的能力，缺乏对创新的思考和关注，对如何培养创新能力了解不多。当擅长学习的人工智能技术到来时，我们面对学习这件事可能开始感到迷茫，甚至手足无措。从现在开始，我们需要在日常学习中关注创新能力的培养，阅读相关书籍，咨询身边的老师和相关专家，参与培养创新力的实践活动，养成勤于思考和突破的思维习惯，逐步塑造自己的创新力。

超越自我与挑战极限

人工智能技术引领了生产制造业的革命性发展，使得产品愈发精致美观、精密复杂。从我们身边的手机、平板电脑、汽车仪表盘和内饰，我们就可以看出这些产品的工艺水平相较之前几代产品有了大幅提升且更加物美价廉。在人工智能时代，人类更需要有挑战极限和追求极致的思维方式，才能跟上技术发展的步伐和人们审美提升的需求。

人类对超越自我极限有天然的好奇心和勇气

人类天生具有强烈的好奇心，渴望了解世界的奥秘。"这已经是极限了吗？还能不能做得更好一点？"这种好奇心驱使人们不断探索未知领域。人类历史上许多重大科技进步都是通过不断挑战和打破现有技术限制实现的。例如，从最初的飞行梦想到现代航空技术的发展，都体现了人类不断超越极限的精神。

透过人类历史上那些闪耀着智慧光芒的文明成果，我们不难发现人类天生具备丰富的想象力、创造力以及不断挑战自我极限的勇气。人类创造了人工智能，使其能够模拟人类思考和解决问题，且人类还在不断探索如何赋予人工智能类似人类的想象力和创造力。我们只有重视培养思考力、想象力和创造力，才能在未来与人工智能和谐发展，才能携手人工智能共同创造美好的未来。

思考题

1

你觉得学习难还是创新难？为什么？你觉得自己更擅长学习还是更擅长创新呢？为什么？

2

你认为创新能力可以培养吗？如何培养？你觉得人工智能会拥有创新能力吗？

3

把事情做到完美通常是一件比较困难的事情。既然困难为什么我们还要去追求完美呢？如果不追求完美，会有什么后果？

4

极限运动有一定的危险性。你身边有喜欢从事极限运动的人吗？你觉得该如何面对挑战极限过程中的危险？如何避免在挑战极限时受到伤害？

5

人类是万物之灵，不仅仅因为我们有强健的四肢，更因为我们有丰富的精神世界。想一想，你希望自己能成为一个怎样的人？

人类看上去如此强大，但也并非无所不能，我们不能改变客观规律，比如，我们不能改变"地球绕着太阳转"这个事实。在一些科幻小说里，外星生物和机器人会控制人类。那么，你觉得人类能够驾驭人工智能吗？未来人类是否会被人工智能所控制？